Rudolf Lehmann-Filhes

Die Bestimmung von Meteorbahnen

Rudolf Lehmann-Filhes

Die Bestimmung von Meteorbahnen

ISBN/EAN: 9783743396630

Hergestellt in Europa, USA, Kanada, Australien, Japan

Cover: Foto ©berggeist007 / pixelio.de

Manufactured and distributed by brebook publishing software
(www.brebook.com)

Rudolf Lehmann-Filhes

Die Bestimmung von Meteorbahnen

DIE BESTIMMUNG VON METEORBAHNEN

NEBST VERWANDTEN AUFGABEN

DARGESTELLT

VON

DR. RUDOLF LEHMANN-FILHÉS
PRIVATDOCENTEN DER ASTRONOMIE AN DER BERLINER UNIVERSITÄT.

HERAUSGEGEBEN MIT UNTERSTÜTZUNG DER KÖNIGLICH PREUSSISCHEN AKADEMIE DER WISSENSCHAFTEN.

BERLIN.
DRUCK UND VERLAG VON G. REIMER.
1883.

HERRN PROFESSOR

G. V. SCHIAPARELLI

DIRECTOR DER STERNWARTE ZU MAILAND

VEREHRUNGSVOLL ZUGEEIGNET.

Einleitung.

Die Berechnung der Elemente von Meteorströmen ist zwar an und für sich eine sehr einfache Aufgabe, wird jedoch, wenn es sich um die Bestimmung vieler Bahnen handelt, weitläufig und zeitraubend. Bedenken wir nun, dass die zahlreichen bis jetzt bekannten Radiationspunkte jedenfalls nur als ein geringer Bruchtheil aller überhaupt vorhandenen zu betrachten sind, so ist klar, dass der weitaus grössere Theil der Arbeit noch vor uns liegt. Will man also, dass die Beobachter nicht, wie es jetzt schon vielfach geschieht, dabei stehen bleiben, die Coordinaten der Radiationspunkte zu registriren, ohne das vorzugsweise Werthvolle und Interessante, die Bahnberechnung überhaupt in Angriff zu nehmen, so müssen Mittel beschafft werden, die Elemente in noch bequemerer Weise, als dies bisher möglich war, zu bestimmen.

Eine derartige Vereinfachung der Arbeit wird in fast allen Fällen durch Tabulirung erreichbar sein, nämlich stets dann, wenn uns die Abweichung der Meteorbahn von der Parabel nicht bekannt ist, oder mit anderen Worten, wenn das Meteorphänomen keinen periodischen Intensitätswechsel, wie die Novembermeteore ihn zeigen, aufweist, welcher uns zur Bestimmung der Umlaufszeit des Stromes um die Sonne verhelfen könnte.

Die Anzahl solcher als elliptisch erkannter Ströme ist jedoch äusserst klein, und es kann nicht als Nachtheil angesehen werden, dass sie etwas mehr Rechnung erfordern.

Die Berechnung hyperbolischer Bahnen endlich kann gleichfalls nicht in der Weise wie die der parabolischen Bahnen durch Tabulirung erleichtert werden. Auch ist hier das Problem, mit dem wir uns nicht weiter beschäftigen wollen, ein völlig anderes, da nicht nur die Coordinaten des Radiationspunktes, sondern auch die kosmischen Geschwindigkeiten der Berechnung zu Grunde gelegt werden müssen.

Wenn es uns, wie das Folgende zeigen wird, gelingt, Tafeln zu construiren, aus denen sich unmittelbar die parabolischen Elemente eines Meteorstromes entnehmen lassen, so verbindet sich damit ein zweiter, sehr wesentlicher Nutzen: Wir werden nämlich dadurch in den Stand gesetzt, die Genauigkeit, mit welcher sich die Bahnelemente bestimmen lassen, oder mit anderen Worten den Einfluss eines Fehlers in den Coordinaten des Radiationspunktes auf die Elemente des Stromes ohne Weiteres kennen zu lernen. Hierauf werden wir noch wiederholt zurückkommen.

Absolute und relative Bewegung der Meteore.

Wenn die Bahnen der Körperchen, aus denen ein Meteorstrom zusammengesetzt ist, in unmittelbarer Nähe der Erde als parallele grade Linien betrachtet werden, so müssen diese alle sich scheinbar in einem perspektivischen Verschwindungspunkte, dem Radiations- oder Divergenzpunkte, schneiden. Die Coordinaten der Radiationspunkte mit möglichster Sorgfalt und, wenn dies erforderlich erscheint, unter Berücksichtigung der Erdanziehung zu bestimmen, ist lediglich Sache des Beobachters, und es liegt dem Zwecke dieser Schrift fern, darauf irgendwie einzugehen.

Der beobachtete Radiationspunkt giebt bekanntlich wegen der Eigenbewegung der Erde nicht unmittelbar die Richtung, aus der die Meteore herkommen. Es sei V die Geschwindigkeit der Erde, v die der Meteore, welche für alle Körper des Stromes nahezu die gleiche sein muss, da sonst keine Radiation stattfinden könnte. Endlich sei u die relative Geschwindigkeit der Meteore in Beziehung auf die Erde.

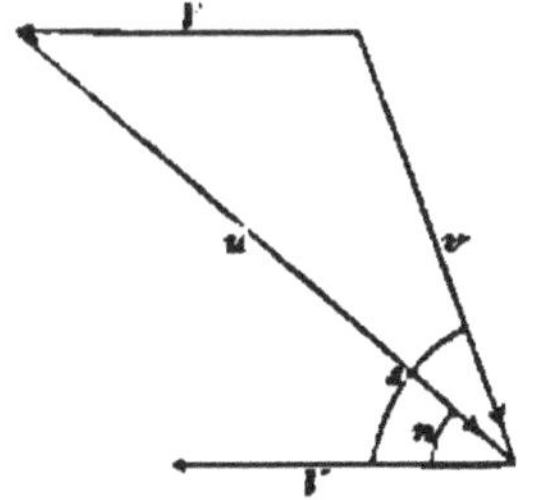

Der Winkel, welchen v und V einschliessen, heisse s, der, den u und V einschliessen, u. Alsdann giebt der Satz vom Parallelogramm der Bewegungen

$$(1)\qquad \frac{u}{\sin s} = \frac{v}{\sin n} = \frac{V}{\sin(s-n)}.$$

Die Verlängerungen der drei Linien v, u, V mögen die Himmelskugel in den drei Punkten T (wahrer Radiationspunkt), S (scheinbarer Radiationspunkt), A (Apex) treffen. Diese drei Punkte liegen natürlich auf einem grössten Kreise. Der Neigungswinkel dieses letzteren mit der Ekliptik sei γ, welchen wir, solange S und T nördlich von der Ekliptik liegen, ganz in derselben Richtung von 0° bis 180° zählen, wie die Neigungswinkel der Planeten. Sind diese Punkte aber südlich, so zählen wir γ in derselben Drehungsrichtung weiter von 180° bis 360°.

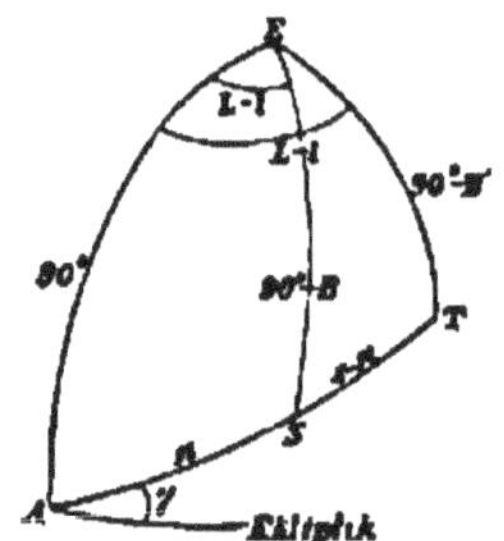

Es bedeuten weiter E den Nordpol der Ekliptik, L und B Länge und Breite von S, L' und B' Länge und Breite von T, l die Länge des Apex A. Alsdann giebt das Dreieck AES die ganz allgemeinen Gleichungen:

$$(2)\qquad \begin{cases} \cos n = \cos B.\cos(L-l) \\ \sin\gamma.\sin n = \sin B \\ \cos\gamma.\sin n = \cos B.\sin(L-l). \end{cases}$$

Hiernach ergiebt sich γ aus der Gleichung $\operatorname{tg}\gamma = \frac{\operatorname{tg} B}{\sin(L-l)}$. Hierauf dividirt man die zweite Gleichung durch $\sin\gamma$ oder die dritte durch $\cos\gamma$ und bildet $\operatorname{tg} n$.

Kennt man nun das Verhältniss $\frac{V}{v}$, so folgt nach (1) s aus der Gleichung

$$\sin(s-n) = \frac{V}{v}\cdot\sin n$$

und man kann nun die Coordinaten L' und B' von T berechnen mittelst der Formeln:

$$(3)\qquad \begin{cases} \cos B'.\sin(L'-l) = \sin s.\cos\gamma \\ \cos B'.\cos(L'-l) = \cos s \\ \sin B' \qquad\qquad\quad = \sin s.\sin\gamma. \end{cases}$$

Durch L' und B' ist nun die Richtung der absoluten Bewegung der Meteore bekannt geworden.

Um das Vorhergehende zu vervollständigen, ist zunächst die Berechnung der Länge l des Apex erforderlich. Ist $\odot$ die Länge der Sonne, ω die Länge des Perihels und e die Excentricität der Erdbahn, also $180° + \odot - \omega$ die wahre Anomalie der Erde, so ist, da die halbe grosse Axe der Erdbahn gleich 1 gesetzt wird, der Radiusvector

$$R = \frac{1-e^2}{1-e\cos(\odot-\omega)}$$

oder, wenn man die zweite und höhere Potenzen von e vernachlässigt,

$$(4) \qquad R = 1+e\cos(\odot-\omega).$$

Der Winkel $\odot - l$, welchen der nach der Sonne gezogene Radiusvector mit der momentanen Bewegungsrichtung der Erde bildet, wird erhalten aus der Gleichung

$$\operatorname{tg}(\odot-l) = -R\,\frac{d\odot}{dR} = -\frac{1-e^2}{e}\cdot\frac{1}{R.\sin(\odot-\omega)}.$$

Vernachlässigt man auch hier e^2, e^3 etc., so ist in Graden ausgedrückt

$$(5) \qquad l = \odot - 90^\circ + \frac{e}{\operatorname{arc} 1^\circ}\cdot\sin(\odot-\omega).$$

Sowohl e wie ω ist veränderlich. Bedeutet t die seit dem Jahre 1880.0 verstrichene Zeit, so ist

$$(6) \qquad \begin{cases} e = 0.0167576-0.000000424\,t \\ \omega = 100^\circ\,52'.2+1'.028\,t. \end{cases}$$

In letzterem Ausdruck ist die Präcession schon berücksichtigt, sodass von dem jedesmaligen mittleren Aequinoctium an gezählt wird.

Die Werthe von ω sind in Tafel VII für die Zeit vom Jahre 1850 bis 1950 angeführt; ebenso sind die Werthe von $\lg R$ zum Argument $\odot-\omega$ aus Tafel VIII zu entnehmen. Die Excentricität e werden wir ohne den geringsten Nachtheil als constant annehmen können, indem wir

$$\lg e = 8.224, \quad \lg\frac{e}{\operatorname{arc} 1^\circ} = 9.982$$

setzen. In hundert Jahren vermindern sich diese Logarithmen nur um 1.1 Einheiten der dritten Decimale.

Das Verhältniss $\frac{V}{v}$, dessen Kenntniss zur Bestimmung des Winkels s erforderlich ist, hängt von der Form des Kegelschnittes ab, in welchem die Meteore um die Sonne laufen.

Ist k die bekannte Attractionsconstante, deren Logarithmus gleich 8.23558—10 ist, a die halbe grosse Axe des Kegelschnitts, so gelten für V und v im Momente des Zusammentreffens von Erde und Meteor die Gleichungen:

$$(7) \qquad \begin{cases} V^2 = k^2\left\{\frac{2}{R}-1\right\} \\ v^2 = k^2\left\{\frac{2}{R}-\frac{1}{a}\right\}. \end{cases}$$

Ist uns die Umlaufszeit U des Meteorstromes, in Jahren ausgedrückt, bekannt, so haben wir sofort:

$$a = U^{\frac{2}{3}}.$$

Wissen wir aber nichts über U, so bleibt uns nichts Anderes übrig, als die Bahn als Parabel zu betrachten, also $\frac{1}{a} = 0$ zu setzen. Hierdurch wird bei Vernachlässigung von e^2 etc.:

$$\frac{V^2}{v^2} = 1 - \frac{R}{2} = \frac{1}{2}\left\{1 - e\cos(\odot - \omega)\right\}$$

$$(8) \qquad \frac{V}{v} = \sqrt{\frac{1}{2}}\left\{1 - \frac{e}{2}\cos(\odot - \omega)\right\}.$$

Wollte man auch e vernachlässigen, was fast immer gestattet ist, so würde das Geschwindigkeitsverhältniss einfach gleich $\sqrt{\frac{1}{2}}$.

Bahnbestimmung.

Nach den im vorigen Abschnitte gegebenen kurzen Erläuterungen können wir nun auf den hauptsächlichsten Gegenstand dieser Schrift, die Bahnbestimmung, näher eingehen.

Einige Ableitungen, die von der Form der Bahnen ganz unabhängig sind, nehmen wir gleich vorweg.

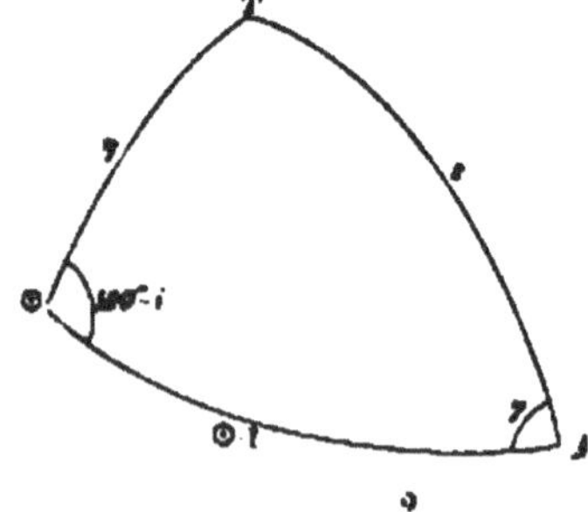

Wir betrachten das sphärische Dreieck $AT\odot$, in welchem $\odot$ den Ort der Sonne an der Himmelskugel bedeutet. Da T der Zielpunkt der Tangente der Meteorbahn ist, so liegt der Bogen grössten Kreises $T\odot$ in der Bahnebene. Ist T nördlich von der Ekliptik, so befinden sich die Meteore im niedersteigenden Knoten ihrer Bahn. Der aufsteigende Knoten liegt alsdann von der Erde aus gesehen gerade hinter der Sonne, weshalb seine Länge ☊ gleich der Sonnenlänge ist; d. h.:

$$☊ = ☉.$$

Der Aussenwinkel des Dreiecks $AT☉$ am Punkte ☉ ist alsdann die Neigung der Bahn i. Wir bedürfen noch der Kenntniss des Bogens $T☉ = \eta$. Bedenken wir, dass $TA = s$, $A☉ = ☉ - l$, $TA☉ = \gamma$ ist, so erhalten wir

$$(9) \quad \begin{cases} \cos\eta = \cos s.\cos(☉ - l) + \sin s.\sin(☉ - l)\cos\gamma \\ \sin i.\sin\eta = \sin s.\sin\gamma \\ -\cos i.\sin\eta = \cos s.\sin(☉ - l) - \sin s.\cos(☉ - l)\cos\gamma \end{cases}$$

i und η dürfen beide 180° nie überschreiten.

Setzen wir für $\cos s$, $\sin s.\cos\gamma$ und $\sin s.\sin\gamma$ aus (3) ein, so wird auch:

$$(10) \quad \begin{cases} \cos\eta = \cos B'.\cos(☉ - L') \\ \sin i.\sin\eta = \sin B' \\ -\cos i.\sin\eta = \cos B'.\sin(☉ - L'). \end{cases}$$

Denken wir uns jetzt T südlich von der Ekliptik, so steht die Erde im aufsteigenden Knoten der Meteorbahn; es ist also

$$☊ = 180 + ☉.$$

Der Winkel $T☉A$ ist auch in diesem Falle gleich $180° - i$, jedoch Winkel $☉AT$ gleich $360° - \gamma$, da γ jetzt grösser als 180° ist. Die zweite Gleichung (9) wird demnach

$$\sin i.\sin\eta = -\sin s.\sin\gamma$$

und die zweite Gleichung (10)

$$\sin i.\sin\eta = -\sin B'.$$

Alles Andere bleibt ungeändert.

Fassen wir das Vorige zusammen, so bestehen folgende Gleichungen:

$$(11) \quad \begin{cases} ☊ = \begin{matrix} ☉ \\ 180° + ☉ \end{matrix} \Big\} \begin{matrix} B' \text{ positiv} \\ B' \text{ negativ} \end{matrix} \\ \cos\eta = \cos s.\cos(☉ - l) + \sin s.\sin(☉ - l)\cos\gamma = \cos B'\cos(☉ - L') \\ \sin i.\sin\eta = \pm\sin s.\sin\gamma \qquad\qquad = \pm\sin B' \\ -\cos i.\sin\eta = \cos s.\sin(☉ - l) - \sin s.\cos(☉ - l)\cos\gamma = \cos B'.\sin(☉ - L'). \end{cases}$$

In der vorletzten Gleichung ist das Plus- oder Minuszeichen zu setzen, jenachdem der Radiationspunkt nördlich oder südlich von der Ekliptik liegt. Es ist sehr leicht einzusehen, dass der scheinbare und der wahre Radiationspunkt immer auf derselben Seite der Ekliptik liegen.

Parabolische Bahnen.

Da ☊ und i schon gefunden sind, so hat man nur noch die Perihel-distanz q und die Länge des Perihels π zu bestimmen. Um beide Elemente zu erhalten, werden wir uns zuerst die Kenntniss der wahren Anomalie θ der Meteore zur Zeit ihrer Begegnung mit der Erde verschaffen.

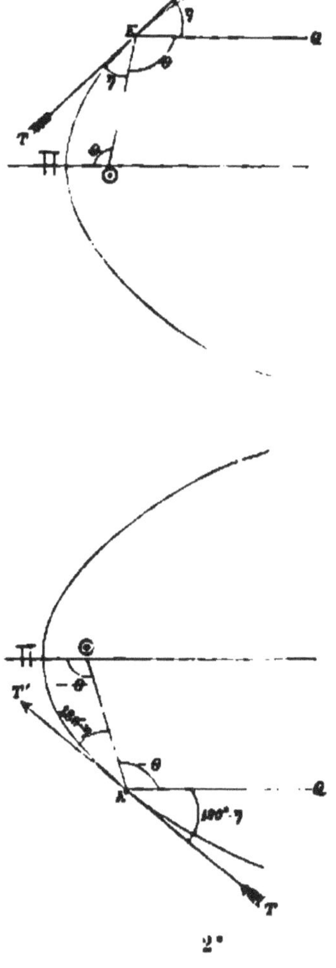

Nehmen wir zunächst an, die Meteore hätten ihr Perihel schon passirt. E sei die Erde, ⊙ die Sonne, TET' die momentane Bewegungs-richtung der Meteore, Π ihr Perihel, also Winkel $TE⊙ = \eta$, Winkel $\Pi⊙E = \theta$.

Zieht man EQ parallel $\Pi⊙$, sodass Winkel $QE⊙$ = Winkel $\Pi⊙E = \theta$, so ist nach einer bekannten Eigenschaft der Parabel

Winkel $T'EQ$ = Winkel $TE⊙ = \eta$,

mithin

$$(12) \qquad \theta = 180^\circ - 2\eta.$$

Steht der Periheldurchgang noch bevor, so ist θ negativ, also Winkel $\Pi⊙E$ = Winkel $⊙EQ = -\theta$, Winkel $⊙ET = \eta$, also

Winkel $⊙ET'$ = Winkel $QET = 180^\circ - \eta$,

$-\theta + 2(180^\circ - \eta) = 180^\circ$, also

$$\theta = 180^\circ - 2\eta.$$

Die Gleichung (12) umfasst daher alle möglichen Fälle.

Bezeichnen wir nun die wahre Anomalie im aufsteigenden Knoten durch θ_{Ω}, so ist allgemein π entweder $☊ - \theta_{\Omega}$ oder $☊ + 360^\circ - \theta_{\Omega}$, was beides auf dasselbe hinausläuft.

Ist nun der Radiationspunkt nördlich, also die Erde im niedersteigenden Knoten der Meteore, so ist (11)

$$☊ = ⊙$$
$$\theta_{\Omega} = \theta \pm 180^\circ = 180^\circ - 2\eta \pm 180^\circ,$$

also

$$\pi = \odot + 2\eta,$$

da die geraden Vielfachen von 180° nicht berücksichtigt zu werden brauchen.

Ist der Radiationspunkt südlich, also die Erde im aufsteigenden Knoten der Meteore, so ist

$$\Omega = 180° + \odot$$
$$\theta_\Omega = \theta = 180° - 2\eta$$

$$(13) \qquad \pi = \odot + 2\eta.$$

Diese Gleichung gilt also ganz allgemein.

Im Moment des Zusammentreffens der Erde mit den Meteoren ist nun zufolge der Polargleichung der Parabel

$$R = \frac{q}{\cos^2\frac{\theta}{2}}$$

folglich

$$(14) \qquad q = R\cos^2\frac{\theta}{2} = R.\sin^2\frac{\pi - \odot}{2} = R\sin^2\eta.$$

Die Perihelzeit zu berechnen hat keinen praktischen Nutzen, da man es mit einem lang ausgezogenen Strome zu thun hat, der natürlich eine mehr oder weniger lange Zeit gebraucht, um das Perihel zu passiren. Diese Zeit hängt von der uns gänzlich unbekannten Länge des Stromes ab.

Will man nur die Perihelzeit desjenigen Stromtheils kennen, dem die Erde zur Zeit der Beobachtung begegnete, so findet man dieselbe in bekannter Weise mit Hülfe von θ aus der Barker'schen Tafel. Einen Nutzen gewährt aber diese Kenntniss nicht.

Abgekürzte Methode mit Vernachlässigung der Excentricität der Erdbahn.

Wenn man zur Berechnung von s das Geschwindigkeitsverhältniss nach (8) bestimmt und dann die bisher entwickelte Methode anwendet, so erhält man Resultate, deren Genauigkeit wegen der Fehler in den Coordinaten des Radiationspunktes fast stets eine rein illusorische sein wird. Um einen Begriff von dem Betrage dieser Fehler zu verschaffen, stelle ich hier einige von verschiedenen Beobachtern und Berechnern bestimmte Radiationspunkte zusammen; α bedeutet die Rektascension, δ die Declination.

Perseiden.

α	δ	Autorität.
50°	+51°	Heis in den Jahren 1839 bis 1848 aus 523 Beobachtungen
37° 11′	+57° 16′	Packendorf aus 46 Berliner Beobb. für 1837 August 10
41° 46′	+51° 55′	„ „ 200 Breslauer Beobb.
44° 52′	+50° 11′	Erman aus 50 Berliner Beobb. 1839 August 9
43° 53′	+52° 23′	„ „ 48 „ „ 1839 „ 10
38° 27′	+51° 3′	Petersen aus 43 Berliner Beobb. 1839 August 11
34° 51′	+55° 35′	„ „ 75 Königsberger „ 1839 „ 10
35° 7′	+55° 17′	„ „ 74 „ „ 1839 „ 11
35°	+55°	Houzeau für 1842 August 9, 10, 11
44°	+56°	A. S. Herschel 1863
43°	+57°	Schiaparelli aus sehr vielen Beobb. von Zezioli in Bergamo in den Jahren 1868 und 1869.

Leoniden.

α	δ	Autorität.
150°	+28°	Heis aus 83 Beobb. von 1839—1848
149° 12′	+23° 28′	Schiaparelli, Entwurf einer astr. Theorie der Sternschnuppen S. 57, wo die Länge = 143° 12′, die Breite = +10° 16′ angegeben wird.

Diese Beispiele, die sich leicht noch vermehren liessen, zeigen zur Genüge, welche ungeheuren Abweichungen zwischen den aus sehr zahlreichen Beobachtungen abgeleiteten Bestimmungen vorkommen, und man kann hiernach leicht beurtheilen, was man von den Radiationspunkten erwarten darf, die nur aus verhältnissmässig wenigen Beobachtungen gefolgert sind. Die Bestimmung des Radiationspunktes der Perseiden ist allerdings durch die zahlreichen in der Nähe befindlichen und gleichzeitig in Thätigkeit tretenden Radiationen erschwert. Aehnliches kann aber auch in anderen Fällen vorkommen und wird, selbst wenn die Existenz benachbarter Radianten bekannt ist, beträchtliche Fehler verursachen.

Für fast alle Fälle der Praxis wird es daher genügen, die Erdbahn als Kreis anzusehen, und nur ausnahmsweise wird sich die Berücksichtigung der ersten Potenz der Excentricität empfehlen.

Wenn wir e vernachlässigen, so wird $\operatorname{tg}(\odot - l) = \infty$, also

$$\odot - l = 90°,$$

und die Gleichungen (2) gehen über in

$$(15)\qquad \begin{cases} \cos n = \cos B . \sin(\odot - L) \\ \sin\gamma . \sin n = \sin B \\ \cos\gamma . \sin n = \cos B . \cos(\odot - L). \end{cases}$$

Ferner wird

$$\frac{V}{v} = \sqrt{\frac{1}{2}},$$

mithin

$$(16)\qquad \sin(\varepsilon - n) = \frac{\sin n}{\sqrt{2}}.$$

Wie man sieht, sind γ, n und ε nur von 2 Grössen, nämlich B und $\odot - L$ abhängig, lassen sich also zu diesen beiden Argumenten tabuliren.

Da eine genäherte Kenntniss der Grössen n und ε für viele Fragen der meteorischen Astronomie von Nutzen ist, so habe ich für beide die Tabulirung ausgeführt. Tafel I im Anhange giebt die Werthe von n, Tafel II die von ε über die ganze Himmelskugel. Die Argumente B und $\odot - L$ schreiten in Intervallen von 4° fort, was hier vollkommen ausreicht.

Die Gleichungen (11) werden:

$$(17)\qquad \begin{cases} \Omega = \begin{matrix} \odot \\ 180° + \odot \end{matrix} \Big\} \begin{matrix} B \text{ posit.} \\ B \text{ negat.} \end{matrix} \\ \cos\eta = \sin i . \cos\gamma \\ \sin i . \sin\eta = \pm \sin\varepsilon . \sin\gamma \\ -\cos i . \sin\eta = \cos\varepsilon. \end{cases}$$

In der vorletzten Gleichung gilt das obere oder untere Vorzeichen, jenachdem B positiv oder negativ ist.

Endlich ist nach (13) und (14)

$$(18)\qquad \begin{cases} \pi - \odot = \eta \\ q \qquad = \sin^2 2\eta. \end{cases}$$

Da ε und γ Functionen von B und $\odot - L$ sind, so ist dasselbe auch der Fall mit i und η. Ich gebe deshalb in Tafel III die Werthe von i, in Tafel IV die von $\pi - \odot = 2\eta$ zu den beiden Argumenten B und $\odot - L$, die ich aber in diesen beiden Tafeln in Intervallen von nur 2° fortschreiten lasse, um die Interpolation bequemer zu machen.

Ueber Tafel IV ist noch eine kurze Bemerkung nöthig. Entsprechen bei gegebenem B einem bestimmten Werthe von $\odot - L$ die Werthe γ, n, ε, η und $\pi - \odot$, so entsprechen dem Werthe $180° - (\odot - L)$ nach (15), (16) und (17) $180° - \gamma$, n, ε, und $180° - \eta$, mithin auch $360° - (\pi - \odot)$. Betrachtet man nun die Einrichtung der Tafel, so wird augenblicklich klar, dass, wenn das Argument $\odot - L$ zwischen 90° und 180° oder zwischen 270° und 360° liegt, alsdann der Tafelwerth mit dem Minuszeichen versehen oder von 360° abgezogen werden muss. Eine derartige Ueberlegung ist beim Gebrauch der Tafel III nicht nöthig.

Sind B und $\odot - L$ auf ganze Grade abgerundet, so wird man i und $\pi - \odot$ stets durch einfache Interpolation in horizontaler, vertikaler oder diagonaler Richtung erhalten.

Die tabulirten Functionswerthe selbst sind auf Zehntelgrade abgerundet, was für alle Fälle ausreicht. Meiner Ansicht nach hätte es genügt, nur ganze Grade zu geben; doch schien es mir zweckmässig, einem Jeden zu überlassen, sich durch praktische Erfahrung selbst ein Urtheil zu bilden, und aus diesem Grunde wollte ich des Guten lieber etwas zu viel als zu wenig thun. Auch wäre es möglich, dass, wenn der Radiationspunkt in der dem Apex entgegengesetzten Gegend des Himmels liegt, und seine Coordinaten aussergewöhnlich gut bestimmt sind, die Neigung i sich in der That bis auf einige Bruchtheile eines Grades genau bestimmen lässt.

Aus $\pi - \odot$ findet sich durch Addition der Sonnenlänge $\odot$ die Länge π des Perihels. Endlich giebt Tafel V zum Argumente $\pi - \odot$ die Periheldistanz q und deren Logarithmus.

Sämmtliche Radiationspunkte, denen derselbe Werth von i entspricht, müssen an der Sphäre auf einer Curve liegen, ebenso sämmtliche Radiationspunkte, denen derselbe Werth von $\pi - \odot$ zugehört. Eine Anschauung vom Verlauf jener Curven giebt die dieser Schrift angehängte Karte, auf welcher die Linien gleicher Neigung (Isoklinen) und die Linien gleicher Werthe von $\pi - \odot$ (Isoperihelien) verzeichnet sind. Die letzteren Curven sind zugleich Linien gleicher Periheldistanz.

Um die kleine Karte nicht durch zu viele Linien undeutlich und verworren zu machen, habe ich die Intervalle der i und $\pi - \odot$ gleich 10° genommen. Ich behalte mir übrigens vor, die Karte in grösserem Massstabe und ausführlicher zu zeichnen und zu veröffentlichen.

Zeichnet man in die Karte einen scheinbaren Radiationspunkt ein, indem man auf dem die Ekliptik vorstellenden Rande $\odot - L$, auf den sich im Mittelpunkte, dem Ekliptikpole, durchschneidenden graden Linien die Breite B abträgt, so erhält man ohne Weiteres nach dem Augenmass eine allerdings nur grobe Bestimmung von i und $\pi - \odot$.

Umgekehrt kann man auch, wenn i und $\pi - \odot$ gegeben sind, B und $\odot - L$ aus der Karte entnehmen, also die Umkehrung des Problems der Bahnbestimmung lösen.

Gute Dienste sind endlich auch bei statistischen Untersuchungen von der Karte zu erwarten, worüber ein Weiteres auszuführen hier nicht der Ort ist.

Es muss noch darauf aufmerksam gemacht werden, dass die Karte ebensogut für die südliche wie für die nördliche Hälfte der Himmelskugel gilt, da bei gegebenem Werthe von $\odot - L$ das Vorzeichen von B keinen Einfluss auf i und $\pi - \odot$ hat.

Beispiele für die Benutzung der Tafeln. Es sei $B = -2°$, $L = 50°$, $\odot = 138°$, also $\odot - L = 88°$.

Weil B negativ ist, ist

$$☊ = 180° + \odot = 318°.$$

Nach Tafel III ist $i = 176°.6$

" " IV " $\pi - \odot = 173°.2$, also $\pi = 311°.2$

" " V " $q = 0.996$.

Will man die Neigung und Länge des Perihels nach der alten Zählweise ausdrücken, welche zwischen direkten und retrograden Bahnen unterscheidet, und bezeichnet man nach dieser Zählweise jene Elemente durch i_0 und π_0, so ist für retrograde Bahnen

$$i_0 = 180° - i$$
$$\pi_0 = 2☊ - \pi,$$

also in unserem Falle

$$i_0 = 3°.4$$
$$\pi_0 = 324°.8.$$

Schiaparelli findet für diesen Radiationspunkt (vergl. Entwurf einer astr. Theorie der Sternschnuppen Seite 90 und 91 No. 140) durch geometrische Construction

$$i_0 = 3°$$
$$\pi_0 = 324°$$
$$q = 0.997$$

Bewegung retrograd.

Die Abweichungen von den oben gefundenen Elementen sind nicht der Rede werth.

Schiaparelli giebt ferner die scheinbare Elongation vom Apex gleich 3°, die wahre $= 5°$ an, während wir aus Tafel I und II völlig übereinstimmend finden $u = 2°.9$, $s = 4°.8$.

Aus der Karte erkennt man mit einem Blick, dass i nahe 176°, $\pi - \odot$ nahe 173° beträgt.

Als zweites Beispiel nehmen wir (Schiap. No. 155) $B = +7°$, $L = 57°$, $\odot = 199°$, also $\odot - L = 142°$.

Da B positiv ist, so wird

$$\Omega = 199°$$

und nach Tafel III $i = 112°.4$

" " " IV $\pi - \odot = -19°.1$.

Das Minuszeichen ist deshalb zu setzen, weil $\odot - L$ zwischen 90° und 180° liegt.

Endlich

$$\pi = 179°.9.$$

nach Tafel V $q = 0.027$.

In der alten Zählweise ist

$$i_0 = 67°.6$$
$$\pi_0 = 218°.1$$

Bewegung retrograd.

Schiaparelli giebt an:

$$i_0 = 60°$$
$$\pi_0 = 217°$$
$$q = 0{,}024$$

Bewegung retrograd.

Die Nichtübereinstimmung der Neigungswinkel hat hier nichts zu bedeuten, da in der Gegend der beiden Ekliptikpunkte, für welche $\odot - L$ gleich 35°.3 oder 144°.7 ist, i überhaupt nicht genau bestimmt werden kann. In diesen beiden Punkten laufen nämlich, wie die Karte zeigt, sämmtliche Isoklinen zusammen, sind also in der Nachbarschaft einander noch so nahe, dass ein nur geringer Fehler in den Coordinaten des Radiationspunktes diesen zwischen zwei andere Isoklinen verschieben kann, denen völlig verschiedene Werthe der i zugehören.

Es ist selbstverständlich, dass sich dieser Umstand auch in den Differenzen der Tafelwerthe ausdrückt; doch wird nichts dadurch gewonnen, dass man die zweiten Differenzen noch mit berücksichtigt: wenigstens ist die dadurch erhaltene Genauigkeit nur eine scheinbare. Viel zweckmässiger scheint es mir, i nur in einer runden Zahl von Graden anzugeben mit der Bemerkung, dass eine genaue Bestimmung nicht möglich ist. In unserem Falle wäre es also hinreichend zu schreiben:

„i etwa 110°. Unsicher.“

Wäre $B = 0°$ und $\odot - L = 35°.3$ oder 144°.7, so wäre natürlich i völlig unbestimmt.

Berücksichtigung der ersten Potenz der Excentricität der Erdbahn.

Als ein Mangel, welcher der Tabulirung der Elemente anhaftet, könnte man vielleicht die völlige Vernachlässigung der Excentricität e der Erdbahn ansehen, obschon sich aus praktischen Gründen wohl nichts gegen dieselbe einwenden lässt.

Um die erste Potenz von e mitberücksichtigen zu können, bieten sich uns zwei Wege dar. Wir können nämlich erstens die Correctionen berechnen, welche an die mittelst der Tafeln gefundenen Werthe der Elemente angebracht werden müssen, zweitens aber können wir auch L und B in der Art ändern, dass wir in der vorher auseinander gesetzten Weise unmittelbar die richtigen Werthe von i und $\pi - \odot$ aus den Tafeln III und IV entnehmen. Der mit dem wahren $\pi - \odot$ aus Tafel V entnommene Werth von q ist dann noch mit R zu multipliciren.

Wir wollen zuerst die Correctionen der Elemente berechnen, jedoch, da die Ausdrücke derselben im Allgemeinen sehr complicirt sind, nur den Fall in's Auge fassen, dass der Radiationspunkt in unmittelbarer Nähe eines der Pole der Ekliptik liegt; für diesen Fall werden die Formeln sehr einfach.

Da wir in unserer angenäherten Methode die Länge des Apex gleich $\odot - 90^{\circ}$ angenommen hatten, während nach (5) in der That $l = \odot - 90^{\circ} + \frac{e}{\text{arc } 1^{\circ}} \cdot \sin(\odot - \omega)$ ist, so ist an $\odot - 90^{\circ}$ die Correction $dl = \frac{e}{\text{arc } 1^{\circ}} \cdot \sin(\odot - \omega)$ anzubringen.

Differenziren wir die Gleichungen (2), indem wir B und L ungeändert lassen, so wird

$$-\sin n\, dn = \cos B . \sin(L - l) dl = \sin n \cos \gamma\, dl$$
$$\cos\gamma \sin n\, d\gamma + \sin\gamma . \cos n\, dn = 0$$
$$-\sin\gamma \sin n\, d\gamma + \cos\gamma \cos n\, dn = -\cos B . \cos(L - l) dl = -\cos n\, dl,$$

woraus

$$(19) \qquad dn = -\cos\gamma\, dl \quad = -\frac{e}{\text{arc } 1^{\circ}} \cdot \cos\gamma \sin(\odot - \omega).$$

$$(20) \qquad d\gamma = \sin\gamma \operatorname{ctg} n\, dl \quad = \frac{e}{\text{arc } 1^{\circ}} \cdot \sin\gamma \operatorname{ctg} n \sin(\odot - \omega).$$

In diesen beiden Formeln sind γ und n selbst mit Vernachlässigung von e, berechnet zu denken.

Als Verhältniss der Geschwindigkeiten $\frac{V}{v}$ hatten wir approximativ $\sqrt{\frac{1}{2}}$ gesetzt, während nach (8)

$$\frac{V}{v} = \sqrt{\frac{1}{2}}\left\{1 - \frac{e}{2}\cos(\odot - \omega)\right\}$$

ist. Wir haben also zu jener Näherung die Correction

$$(21) \qquad d\left(\frac{V}{v}\right) = -\frac{e}{2\sqrt{2}}\cdot\cos(\odot - \omega)$$

zu addiren.

Da nach (1)

$$\sin(s-n) = \frac{V}{v}\cdot\sin n,$$

so erhalten wir durch Differentiation

$$\cos(s-n)ds = \left\{\cos(s-n) + \frac{V}{v}\cos n\right\}dn + \frac{\sin n}{\operatorname{arc} 1^\circ}\cdot d\left(\frac{V}{v}\right).$$

Setzt man im Coefficienten von dn für $\frac{V}{v}$ seinen Werth $\frac{\sin(s-n)}{\sin n}$ und reducirt, so wird

$$ds = \frac{\sin s}{\cos(s-n).\sin n}\cdot dn + \frac{\sin n}{\cos(s-n)}\cdot\frac{d\left(\frac{V}{v}\right)}{\operatorname{arc} 1^\circ}$$

oder nach (19) und (21)

$$ds = -\frac{e}{\operatorname{arc} 1^\circ.\cos(s-n)}\cdot\left\{\frac{\cos\gamma.\sin s}{\sin n}\cdot\sin(\odot-\omega) + \frac{\sin n}{2\sqrt{2}}\cdot\cos(\odot-\omega)\right\}.$$

Wenn wir nun annehmen, dass der Radiationspunkt in einem der Ekliptikpole oder doch in unmittelbarer Nähe eines derselben liegt, so haben wir zu setzen

$$(22) \qquad \left|\begin{array}{l} \gamma = \pm 90^\circ \left\} \begin{array}{l} B \text{ posit.} \\ B \text{ negat.} \end{array}\right. \\ n = 90^\circ \\ s = 135^\circ \text{ also} \\ s - n = 45^\circ \end{array}\right.$$

wodurch

$$(23) \qquad \left\{\begin{array}{l} d\gamma = 0 \\ ds = -\frac{e}{2\operatorname{arc} 1^\circ}\cdot\cos(\odot-\omega). \end{array}\right.$$

Wir gehen jetzt zu den Gleichungen (11) über. Führt man in diese für l den Ausdruck (5) ein, so erhält man mit alleiniger Berücksichtigung der ersten Potenz von e

$$
(24)\quad \begin{cases} \cos\eta = \sin s . \cos\gamma + e\cos s . \sin(\odot - \omega) \\ \sin i . \sin\eta = \pm \sin s . \sin\gamma \\ -\cos i . \sin\eta = \cos s - e\sin s . \cos\gamma . \sin(\odot - \omega). \end{cases}
$$

Geben wir hier in den nicht mit e multiplicirten Gliedern den Grössen η, i, s und γ, die Incremente $d\eta$, di, ds und $d\gamma$, deren zweite und höhere Potenzen wir vernachlässigen; berücksichtigen wir ferner, dass η und i nach den Tafeln bestimmt, oder, was gleichbedeutend ist, nach den Gleichungen (17) berechnet sind, so erhalten wir

$$
(25)\quad \begin{cases} -\sin\eta\, d\eta = \cos s . \cos\gamma\, ds - \sin s . \sin\gamma\, d\gamma + \frac{e}{\operatorname{arc} 1^{\circ}} \cdot \cos s . \sin(\odot - \omega) \\ \cos\eta . \sin i\, d\eta + \sin\eta . \cos i\, di = \pm \cos s . \sin\gamma\, ds \pm \sin s . \cos\gamma\, d\gamma \\ -\cos\eta . \cos i\, d\eta + \sin\eta . \sin i\, di = -\sin s\, ds - \frac{e}{\operatorname{arc} 1^{\circ}} \cdot \sin s . \cos\gamma . \sin(\odot - \omega). \end{cases}
$$

Da die Gleichungen nur für die Nähe der Pole gelten sollen, so ist zu setzen ausser (22) und (23) noch

$$
(26)\quad \begin{cases} i = 45^{\circ} \\ \eta = 90^{\circ}, \end{cases}
$$

wodurch die Gleichungen (25) übergehen in

$$
(27)\quad \begin{cases} d\eta = \frac{e}{\sqrt{2} \operatorname{arc} 1^{\circ}} \cdot \sin(\odot - \omega) \\ di = \frac{e}{2 \operatorname{arc} 1^{\circ}} \cdot \cos(\odot - \omega) = 0^{\circ}.48 \cos(\odot - \omega), \end{cases}
$$

demnach

$$
d\pi = \frac{e\sqrt{2}}{\operatorname{arc} 1^{\circ}} \cdot \sin(\odot - \omega) = 1^{\circ}.36 \sin(\odot - \omega).
$$

Hier ist

$$
\lg \frac{e}{2 \operatorname{arc} 1^{\circ}} = 9.681
$$

$$
\lg \frac{e\sqrt{2}}{\operatorname{arc} 1^{\circ}} = 0.133.
$$

Mit dem corrigirten Werthe von $\pi - \odot$ entnimmt man aus Tafel V q (oder $\lg q$), welches jedoch noch mit $R = 1 + e\cos(\odot - \omega)$ zu multipliciren ist. Die dreistelligen Logarithmen von R findet man in Tafel VIII, die Werthe von ω für die Zeit von 1850 bis 1950 in Tafel VII.

Beispiel. Es sei $B = +87^{\circ}$, $L = 170^{\circ}$, $\odot = 326^{\circ}$, $\odot - L = 156^{\circ}$ (vergl. Schiap. No. 36). Wir haben hier

$\Omega = 326^{\circ}$.

Nach Tafel III $\quad i = 46^{\circ}.2$

„ „ IV $\quad \pi - \odot = 360^{\circ} - 176^{\circ}.1 = 183.9.$

Da die von Schiaparelli berechneten Radiationspunkte in den Jahren 1867—69 von Zezioli beobachtet sind, so ist nach Tafel VII $\omega = 100°.7$; $\odot - \omega = 225°.3$. Hieraus findet man nun

$$d\pi = d(\pi - \odot) = -0°.96$$
$$di = -0°.34,$$

sodass die corrigirten Werthe sind

$$\pi - \odot = 182°.9; \qquad i = 45°.9.$$

Endlich wird nach den Tafeln V und VIII

$$\lg q = 0.000 + 9.995 = 9.995$$
$$q = 0.988.$$

Die Elemente sind also

$$\Omega = 326°$$
$$i = 45°.9$$
$$\pi = 148°.9$$
$$q = 0.988.$$

Die zweite Art, wie wir die Excentricität der Erdbahn berücksichtigen können, besteht darin, dass wir an L und B gewisse Correctionen dL und dB anbringen, nach deren Hinzufügung wir dann mit den Argumenten $\odot - (L + dL)$ und $B + dB$ die Elemente in bekannter Weise aus den Tafeln entnehmen.

Da nach (11) i und $\pi - \odot$ ausschliesslich von der Lage des wahren Radiationspunktes T in Beziehung auf die Sonne abhängen, so haben wir für die Richtigkeit der Coordinaten dieses Punktes Sorge zu tragen. Die Aenderungen von L und B müssen daher so beschaffen sein, dass wir, wenn die Länge des Apex $= \odot - 90°$ und das Verhältniss $\frac{V}{v} = \frac{1}{\sqrt{2}}$ angenommen wird, die richtige Lage des Punktes T und somit die richtigen Elemente erlangen.

Indem wir nun vom wahren Apex, dessen Länge

$$l = \odot - 90° + \frac{e}{\operatorname{arc} 1''} \cdot \sin(\odot - \omega)$$

ist, auf den ideellen, dessen Länge $= \odot - 90°$ ist, reduciren, haben wir an das wahre l die Correction

$$(28) \qquad dl = -\frac{e}{\operatorname{arc} 1''} \cdot \sin(\odot - \omega)$$

anzubringen.

Entsprechend erhält man die Veränderung von $\frac{V}{v}$

$$(29) \qquad d\left(\frac{V}{v}\right) = +\frac{e}{2\sqrt{2}} \cdot \sin(\odot - \omega).$$

Wir differenziren weiter die Gleichungen (3), indem wir L' und B' ungeändert lassen. Dies giebt

$$\begin{aligned} -\cos B'.\cos(L'-l)dl &= -\cos s\,dl &&= \cos\gamma.\cos s.ds - \sin\gamma.\sin s.d\gamma \\ \cos B'.\sin(L'-l)dl &= \cos\gamma.\sin s\,dl &&= -\sin s.ds \\ 0 & &&= \sin\gamma.\cos s.ds + \cos\gamma.\sin s.d\gamma \end{aligned}$$

woraus leicht abgeleitet wird:

$$(30)\quad \begin{cases} ds = \cos\gamma\,dl = \dfrac{e}{\operatorname{arc}1^\circ}\cdot\cos\gamma.\sin(\odot-\omega) \\ d\gamma = \sin\gamma.\operatorname{ctg} s\,dl = -\dfrac{e}{\operatorname{arc}1^\circ}\cdot\sin\gamma.\operatorname{ctg} s.\sin(\odot-\omega). \end{cases}$$

Auch ist

$$d\gamma = -\operatorname{tg}\gamma.\operatorname{ctg} s.ds.$$

Aus ds ergiebt sich du nach (1) mittelst der Gleichung

$$\sin(s-u) = \frac{V}{r}\cdot\sin u,$$

aus welcher man durch Differentiation erhält

$$du\cdot\left\{\frac{V}{r}\cdot\cos u + \cos(s-u)\right\} = \cos(s-u)ds - \frac{\sin u}{\operatorname{arc}1^\circ}\cdot d\left(\frac{V}{r}\right).$$

Setzt man im Coefficienten von du $\frac{V}{r} = \frac{\sin(s-u)}{\sin u}$, so reducirt sich der Ausdruck auf

$$du = \frac{\sin u}{\sin s}\left\{\cos(s-u)ds - \frac{\sin u}{\operatorname{arc}1^\circ}\cdot d\left(\frac{V}{r}\right)\right\},$$

und man hat nach (29) und (30), und wenn zugleich in der Klammer

$$\frac{\sin u}{\sqrt{2}} = \sin(s-u)$$

gesetzt wird,

$$(31)\qquad du = \frac{e}{\operatorname{arc}1^\circ}\cdot\frac{\sin u}{\sin s}\left\{\cos\gamma.\cos(s-u)\sin(\odot-\omega) - \tfrac{1}{2}\sin(s-u)\cos(\odot-\omega)\right\}.$$

Nachdem wir so in (30) und (31) die Aenderungen von γ und u erhalten haben, können wir durch Differentiation der Gleichungen (2) dB und dL finden. Die zweite jener Gleichungen ergiebt:

$$\cos B\,dB = \sin\gamma\cos u\,du + \cos\gamma\sin u\,d\gamma$$

und nach (30) und (31)

$$\begin{aligned} &\cos B\,dB \\ &= \frac{e}{\operatorname{arc}1^\circ}\cdot\sin\gamma\cdot\frac{\sin u}{\sin s}\left\{\cos\gamma[\cos u\cos(s-u) - \cos s]\sin(\odot-\omega) - \tfrac{1}{2}\cos u\sin(s-u)\cos(\odot-\omega)\right\} \\ &= \frac{e}{\operatorname{arc}1^\circ}\cdot\sin\gamma.\sin u.\frac{\sin(s-u)}{\sin s}\left\{\cos\gamma.\sin u.\sin(\odot-\omega) - \tfrac{1}{2}\cos u.\cos(\odot-\omega)\right\}. \end{aligned}$$

Eliminirt man die Grössen $\sin\gamma.\sin n$, $\cos\gamma.\sin n$ und $\cos n$ mittelst (2), so wird

$$dB = \frac{e}{\mathrm{arc}\,1''}\cdot\frac{\sin(s-n)}{\sin s}\cdot\sin B\{\sin(L-l).\sin(\odot-\omega)-\tfrac{1}{2}\cos(L-l)\cos(\odot-\omega)\}.$$

Da die Klammergrösse mit e multiplicirt ist, so können wir in derselben setzen

$$l = \odot - 90^\circ.$$

Ferner wird hier s aus n mittelst der Gleichung

$$\sin(s-n) = \frac{\sin n}{\sqrt{2}}$$

berechnet.

Der Endwerth ist demnach

$$(32)\qquad dB = -\frac{e}{\mathrm{arc}\,1''}\cdot\frac{\sin(s-n)}{\sin s}\cdot\sin B\{\tfrac{1}{2}\cos(\odot-\omega)\sin(\odot-L)-\sin(\odot-\omega)\cos(\odot-L)\}.$$

Um dL zu finden, haben wir nach (2) zunächst

$$\mathrm{tg}(L-l) = \cos\gamma.\mathrm{tg}\,n$$

woraus durch logarithmische Differentiation folgt

$$\frac{d(L-l)}{\sin(L-l)\cos(L-l)} = \frac{dn}{\sin n\cos n} - \mathrm{tg}\gamma.d\gamma$$

oder, da nach (2)

$$\cos^2 B.\sin(L-l).\cos(L-l) = \sin n.\cos n.\cos\gamma$$

ist,

$$\cos^2 B\,d(L-l) = \cos\gamma.dn - \sin n.\cos n.\sin\gamma\,d\gamma$$

und nach (30) und (31)

$$\cos^2 B\,d(L-l)$$
$$= \frac{e}{\mathrm{arc}\,1''}\cdot\frac{\sin n}{\sin s}\{[\cos(s-n)\cos^2\gamma+\cos n.\cos s.\sin^2\gamma]\sin(\odot-\omega)-\tfrac{1}{2}\cos\gamma\sin(s-n)\cos(\odot-\omega)\}.$$

Da aber

$$\cos(s-n).\cos^2\gamma+\cos n.\cos s.\sin^2\gamma = \cos n.\cos s+\sin n.\sin s.\cos^2\gamma,$$

$$dl = -\frac{e}{\mathrm{arc}\,1''}\cdot\sin(\odot-\omega),$$

ferner nach (2)

$$\cos^2 B = \cos^2 n+\sin^2 n\cos^2\gamma,$$

so ist

$$\cos^2 B\,dL = \frac{e}{\mathrm{arc}\,1''}\cdot\frac{\sin n}{\sin s}\Big\{\Big[\cos n.\cos s+\sin n.\sin s.\cos^2\gamma-\frac{\sin s}{\sin n}(\cos^2 n+\sin^2 n\cos^2\gamma)\Big]\sin(\odot-\omega)$$
$$-\tfrac{1}{2}\sin(s-n)\cos\gamma\cos(\odot-\omega)\Big\}.$$

Der in Klammern stehende Coefficient von $\sin(\odot-\omega)$ reducirt sich leicht auf

$$-\frac{\cos n}{\sin n}\cdot\sin(s-n)$$

sodass

$$\cos^2 B\,dL = -\frac{e}{\text{arc}\,1^\circ}\cdot\frac{\sin(s-n)}{\sin s}\{\cos n.\sin(\odot-\omega)+\tfrac{1}{2}\sin n\cos\gamma.\cos(\odot-\omega)\}.$$

Die Elimination von $\cos n$ und $\sin n.\cos\gamma$ mit Hülfe von (2) giebt

$$\cos B\,dL = -\frac{e}{\text{arc}\,1^\circ}\cdot\frac{\sin(s-n)}{\sin s}\cdot\{\cos(L-l)\sin(\odot-\omega)+\tfrac{1}{2}\sin(L-l)\cos(\odot-\omega)\}.$$

Setzt man auch hier $l=\odot-90^\circ$, so wird

$$(33)\quad dL = -\frac{e}{\text{arc}\,1^\circ}\cdot\frac{\sin(s-n)}{\sin s}\cdot\sec B\{\tfrac{1}{2}\cos(\odot-\omega)\cos(\odot-L)+\sin(\odot-\omega).\sin(\odot-L)\}.$$

In (32) und (33) setzen wir jetzt

$$\frac{\sin(s-n)}{\sin s}=b$$

$$\tfrac{1}{2}\cos(\odot-\omega)=f.\cos A$$

$$\sin(\odot-\omega)=f.\sin A$$

$$\frac{e.f}{\text{arc}\,1^\circ}=a.$$

Hierdurch erhalten die Correctionen die Form

$$(34)\quad \begin{cases} dB = -ab.\sin B.\sin(\odot-L-A) \\ dL = -ab.\sec B.\cos(\odot-L-A). \end{cases}$$

In Tafel VI gebe ich zum Argument $\odot-\omega$ die Werthe von A und $\lg a$. Auf die von dem Factor e herrührende Veränderlichkeit der Grösse a braucht nicht Rücksicht genommen zu werden. In Betreff der Bestimmung von A merke man noch Folgendes. Gehören zu einem bestimmten Werthe $\odot-\omega$, welcher kleiner als 90° zu denken ist, die Functionswerthe A und $\lg a$, so gehören

zum Argument	$180^\circ-(\odot-\omega)$	die Functionswerthe	$180^\circ-A$	und	$\lg a$
„ „	$180^\circ+(\odot-\omega)$	„ „	$180^\circ+A$	„	$\lg a$
„ „	$360^\circ-(\odot-\omega)$	„ „	$360^\circ-A$	„	$\lg a$.

Die Werthe von $\lg b$ gebe ich in Tafel IX zu den Argumenten B und $\odot-L$. Da nach (1) $\frac{\sin(s-n)}{\sin s}=\frac{V}{u}$, so kann man aus Tafel IX sofort die relative Geschwindigkeit der Meteore, ausgedrückt in Einheiten der Erdgeschwindigkeit V, erhalten.

Hat man nach (34) B und L corrigirt, so entnimmt man aus den Tafeln III und IV in gewohnter Weise i und $\pi-\odot$. Den zum Argumente $\pi-\odot$ aus Tafel V erhaltenen Werth von q muss man noch mit R multipliciren, dessen Logarithmus aus Tafel VIII entnommen wird.

Als Beispiel werde wieder der Radiationspunkt No. 140 in Schiaparelli's Verzeichniss genommen, für welchen $B = -2°$, $L = 50°$, $\odot = 138°$, $\odot - L = 88°$, $\odot - \omega = 37°.3$.

Man findet

$$\text{aus Tafel VI} \begin{cases} A = 57°.7 \\ \lg a = 9.842 \end{cases}$$
$$\text{„ „ IX} \quad \lg b = 9.617$$
$$\text{„ „ VIII} \quad \lg R = 0.006$$
$$dB = +0°.005$$
$$dL = -0°.25.$$

also $B + dB = -2°$, $\odot - L - dL = 88°.25$, endlich

$$\text{aus Tafel III} \quad i = 176°.6$$
$$\text{„ „ IV} \quad \pi - \odot = 174°.0 \qquad \pi = 312°.0$$
$$\text{„ „ V und VIII} \quad \lg q = 9.999 + 0.006 = 0.005$$
$$q = 1.012.$$

Nach der alten Zählweise ist

$$i_0 = 3°.4$$
$$\pi_0 = 324°.0$$

Bewegung retrograd.

Man wird wohl nicht bezweifeln, dass bei der grossen Ungenauigkeit in der Bestimmung von L und B die hier vorgenommenen Verbesserungen wenig Nutzen haben. Nur bei ausnahmsweise guten Beobachtungen ist die Berücksichtigung von e zu empfehlen.

Die Gleichung für dL wird unbrauchbar, wenn der Radiationspunkt S in der Nähe eines der Pole der Ekliptik liegt. In diesem Falle wird man die vorher für di und $d\pi$ entwickelten Gleichungen (27) anwenden.

Sollte der Radiationspunkt zu weit vom Pole entfernt liegen, um jene Gleichungen (27) anwenden zu können, zu nahe jedoch, als dass die Gleichungen (34) benutzt werden dürften, so ist es vielleicht das Gerathenste, den Gebrauch der Tafeln überhaupt aufzugeben und die Bahn nach den strengen Formeln zu berechnen, wenn man durchaus e berücksichtigen will.

Elliptische Bahnen.

Um eine befriedigende Vollständigkeit zu erhalten, soll hier noch kurz die Berechnung elliptischer Meteorbahnen dargelegt werden.

Wir hatten schon gefunden

$$a = U^{\frac{1}{2}}$$

$$v^2 = k^2\left\{\frac{2}{R} - \frac{1}{a}\right\}$$

$$V^2 = k^2\left\{\frac{2}{R} - 1\right\},$$

woraus sich das Geschwindigkeitsverhältniss

$$\frac{V}{v} = \sqrt{\frac{\frac{2}{R} - 1}{\frac{2}{R} - \frac{1}{a}}} = \sqrt{\frac{a(2-R)}{2a-R}}$$

ergiebt, mit welchem v aus u berechnet wird.

Hat man nach (3) B' und L' gefunden, so bestimmt man η und i nach (11). Zur Berechnung der Excentricität der Ellipse $\varepsilon = \sin\varphi$ und der Länge π des Perihels müssen jedoch neue Formeln entwickelt werden.

Wir führen ein rechtwinkliges Coordinatensystem ein, in dessen Anfangspunkt die Sonne steht. Die $+x$-Axe ist nach dem Frühlingspunkt, die $+y$-Axe nach dem Sommersolstitium, die $+z$-Axe nach dem Nordpol der Ekliptik gerichtet.

Die Differentialquotienten der Coordinaten der Meteore nach der Zeit t im Momente ihrer Begegnung mit der Erde sind

$$(35)\quad \begin{cases} \dfrac{dx}{dt} = -v.\cos B'.\cos L' \\[2mm] \dfrac{dy}{dt} = -v.\cos B'.\sin L' \\[2mm] \dfrac{dz}{dt} = -v.\sin B'. \end{cases}$$

Die Coordinaten selbst sind gleich den Erdcoordinaten, also

$$(36)\quad \begin{cases} x = -R.\cos\odot \\ y = -R.\sin\odot \\ z = 0. \end{cases}$$

Ist p der Parameter der Meteorbahn, so ist nach bekannten Gleichungen der theorischen Astronomie

$$(37)\quad \begin{cases} k\sqrt{p}.\cos i = x\dfrac{dy}{dt} - y\dfrac{dx}{dt} \\[2mm] k\sqrt{p}.\sin\Omega.\sin i = y\dfrac{dz}{dt} - z\dfrac{dy}{dt} \\[2mm] k\sqrt{p}.\cos\Omega.\sin i = x\dfrac{dz}{dt} - z\dfrac{dx}{dt}. \end{cases}$$

Substituirt man aus (35) und (36) in (37) und beachtet, dass

$$\Omega = \begin{matrix} \odot \\ 180^\circ + \odot \end{matrix} \Big\} \begin{matrix} B' \text{ positiv} \\ B' \text{ negativ}, \end{matrix}$$

so erhält man

$$k\sqrt{p}.\cos i = -R.r.\cos B' \sin(\odot - L')$$
$$\pm k\sqrt{p}.\sin i = +R.r.\sin B'.$$

Da i und r bekannt sind, kann man hieraus p, oder, weil $p = a\cos^2\varphi$ ist, φ bestimmen.

Denn es ist

$$(38) \qquad \cos\varphi = -\frac{Rr.\cos B'.\sin(\odot - L')}{k\sqrt{a}.\cos i} = \pm\frac{R.r.\sin B'}{k\sqrt{a}.\sin i} \Big\{ \begin{matrix} B' \text{ positiv} \\ B' \text{ negativ.} \end{matrix}$$

Man kann sich leicht überzeugen, dass beide Ausdrücke für $\cos\varphi$ stets positiv sind. Da man es mit kometarischen Excentricitäten zu thun hat, kann man φ sehr gut mittelst des Cosinus bestimmen.

Weil für die Ellipse so gut wie für die Parabel

$$\pi = \Omega - \theta_{\Omega} = 180^\circ + \odot - \theta$$

ist, so muss noch zum Zwecke der Berechnung von π die wahre Anomalie θ gefunden werden.

Die Polargleichung

$$R = \frac{a\cos^2\varphi}{1 + \sin\varphi.\cos\theta}$$

giebt

$$(39) \qquad \cos\theta = \left(\frac{a\cos^2\varphi}{R} - 1\right)\cdot\frac{1}{\sin\varphi},$$

welche Gleichung jedoch nicht immer empfehlenswerth ist. Differenzirt man sie, so wird

$$\sin\theta = \frac{a\cos^2\varphi}{R.\sin\varphi}\cdot\frac{dR}{R.d\theta}.$$

$\frac{dR}{Rd\theta}$ ist aber die trigonometrische Tangente des Winkels, welchen die Richtung nach der Sonne mit der Richtung nach dem wahren Radiationspunkte T bildet, d. h. $\operatorname{tg}\eta$, sodass

$$(40) \qquad \sin\theta = \frac{a\cos^2\varphi}{R.\sin\varphi}\cdot\operatorname{tg}\eta.$$

Die Division von (40) : (39) giebt

$$(41) \qquad \operatorname{tg}\theta = \frac{\operatorname{tg}\eta}{1 - \frac{R}{a\cos^2\varphi}}.$$

Der Logarithmus von $\dfrac{1}{1-\dfrac{R}{a\cos^2\varphi}}$ wird aus der Tafel der Zech'schen Subtractions-logarithmen unmittelbar mit dem Argumente $\log\dfrac{a\cos^2\varphi}{R}$ entnommen.

Die Periheldistanz ist

$$q = a(1-\sin\varphi) = 2a\sin^2\left(45^\circ - \frac{\varphi}{2}\right).$$

Wir haben somit zur Bestimmung von elliptischen Bahnen, nachdem L' und B' gefunden sind, folgende Gleichungen:

(42)

$$\Omega = \left.\begin{matrix}\odot \\ 180^\circ + \odot\end{matrix}\right\} \begin{matrix}B' \text{ positiv} \\ B' \text{ negativ}\end{matrix}$$

$$\operatorname{tg} i = \mp\frac{\operatorname{tg} B'}{\sin(\odot - L')} \left.\vphantom{\frac{1}{1}}\right\} \begin{matrix}B' \text{ positiv} \\ B' \text{ negativ}\end{matrix}$$

$$\operatorname{tg} \eta = \pm\frac{\operatorname{tg} B'}{\sin i.\cos(\odot - L')} \left.\vphantom{\frac{1}{1}}\right\} \begin{matrix}B' \text{ positiv} \\ B' \text{ negativ}\end{matrix}$$

$$a = U^{\frac{2}{3}}$$

$$\frac{v}{k} = \sqrt{\frac{2}{R} - \frac{1}{a}}$$

$$\cos\varphi = -\frac{R.v.\cos B' \sin(\odot - L')}{k\sqrt{a}.\cos i} = \pm\frac{R.v.\sin B'}{k\sqrt{a}.\sin i} \left.\vphantom{\frac{1}{1}}\right\} \begin{matrix}B' \text{ positiv} \\ B' \text{ negativ}\end{matrix}$$

$$\sin\theta = \frac{a\cos^2\varphi}{R.\sin\varphi}.\operatorname{tg}\eta$$

$$\cos\theta = \left(\frac{a\cos^2\varphi}{R} - 1\right)\frac{1}{\sin\varphi}$$

$$\operatorname{tg}\theta = \frac{\operatorname{tg}\eta}{1 - \dfrac{R}{a\cos^2\varphi}}$$

$$\pi = 180^\circ + \odot - \theta$$

$$q = 2a\sin^2\left(45^\circ - \frac{\varphi}{2}\right).$$

Beispiel. Für den Radiationspunkt der Perseiden fand sich aus Berliner Beobachtungen:

1867 August 8, 11^h mittl. Zeit Berlin.

$$L = 60^\circ\ 33'$$
$$B = +39^\circ\ 10'$$
$$\odot = 135^\circ\ 51'$$

$$\lg R = 0.0059$$
$$l = 46^\circ\ 25'$$
$$\lg V = 8.2286$$
$$\gamma = 73^\circ\ 19'$$
$$x = 41^\circ\ 16'.$$

Die Umlaufszeit wurde angenommen $U = 105.7$ Jahre, wodurch

$$\lg a = 1.3494$$
$$\lg e = 8.3781$$
$$\varepsilon = 69^\circ\ 12'.$$

Mit Hülfe von γ und x findet man aus (3)

$$L' = 83^\circ\ 81'$$
$$B' = 63^\circ\ 35'$$

und sodann nach (42)

$$\Omega = 135^\circ\ 51'$$
$$i = 111^\circ\ 28'$$
$$\eta = 74^\circ\ 13'$$
$$e = \sin\varphi = 0.9580$$
$$\varphi = 73^\circ\ 21'$$
$$\lg q = 9.9728$$
$$\theta = 32^\circ\ 17'$$
$$\pi = 283^\circ\ 34'.$$

Die Berechnung hyperbolischer Bahnen ist von zu geringer praktischer Bedeutung, um hier abgehandelt zu werden. Auch liessen sich die betreffenden Formeln leicht aus den für die Ellipse geltenden ableiten.

Umkehrung des vorigen Problems.

Die Umkehrung des vorigen Problems der Bahnbestimmung, also die Herleitung der Coordinaten des Radiationspunktes aus gegebenen parabolischen oder elliptischen Elementen ist zuerst von Edmund Weiss in Wien behandelt worden.

Zuvörderst hat man sich zu überzeugen, ob die Erde der gegebenen Bahn eines Kometen auch wirklich nahe genug kommt, um die in dieser Bahn umlaufenden Körperchen aufzufangen, mit anderen Worten, ob in einem der Knoten der Bahn der Radiusvector nahe gleich dem der Erde wird.

Es ist allgemein

$$\pi = \Omega - \theta_{\Omega},$$

also

$$\theta_{\Omega} = \Omega - \pi$$

und die wahre Anomalie im niedersteigenden Knoten

$$\theta_{\mho} = 180° + \Omega - \pi.$$

Jenachdem nun ein Durchschnitt im aufsteigenden oder niedersteigenden Knoten stattfindet, muss sein

$$R = \frac{p}{1 + e\cos(\Omega - \pi)} \quad \Big| \; \Omega$$

oder

$$R = \frac{p}{1 - e\cos(\Omega - \pi)} \quad \Big| \; \mho$$

Durch die beigesetzten Zeichen Ω und $\mho$ sollen die beiden Fälle eines Durchschnitts im auf- oder niedersteigenden Knoten unterschieden werden.

Es ist nicht nöthig, eine ganz strenge Erfüllung einer der obigen Gleichungen zu erwarten, da bei den oft enormen transversalen Dimensionen eines Meteorstromes im Allgemeinen die Erde noch in diesen hinein gerathen wird, wenn die berechnete Bahn auch etwas seitlich von der Erdbahn vorübergeht.

Es genügt daher die angenäherte Erfüllung eines der beiden Kriterien

$$(43) \quad \left\{ \begin{array}{ll} 1 = \dfrac{p}{1 + e\cos(\Omega - \pi)} & \Big| \; \Omega \\ \text{oder} & \\ 1 = \dfrac{p}{1 - e\cos(\Omega - \pi)} & \Big| \; \mho \end{array} \right.$$

Sind Zähler und Nenner sehr klein, so wird die geringste Aenderung von p den obigen Quotienten völlig verschiedene Werthe geben. Jene Kriterien verlieren dann ihre Geltung, und man kann, da e doch nahe 1 ist, nur erwarten, dass bei sehr kleinen p der Werth $\Omega - \pi$ entweder nahe 180°, oder nahe 0° resp. 360° ist, wenn die vorgelegte Bahn der Erdbahn nahe kommen soll.

Die Länge der Sonne ist, wenn die Meteore im aufsteigenden Knoten sind, also der Radiationspunkt südlich ist, gleich ☊ − 180°; wenn jedoch der Radiationspunkt nördlich ist, gleich ☊; d. h.

$$(44) \qquad \odot = \begin{matrix} ☊ - 180° \\ ☊ \end{matrix} \Big\} \begin{matrix} ☊ \\ ☋ \end{matrix}$$

Es ist nun sehr leicht, die Componenten der absoluten Geschwindigkeit der Meteorkörper beim Durchgang durch die Knoten, bezogen auf drei rechtwinklige Coordinatenaxen, auszudrücken. Die $+x$-Axe sei die Linie nach dem aufsteigenden Knoten, die $+y$-Axe sei nach einem Punkte der Ekliptik gerichtet, dessen Länge = ☊ + 90° ist, die $+z$-Axe gehe nach dem Nordpol der Ekliptik.

Geht der Meteorstrom durch den aufsteigenden Knoten, so ist die $+x$-Axe identisch mit dem Radiusvector r der gerade den Knoten passirenden Körper, und in dem betrachteten Augenblick ist

$$\frac{dx}{dt} = \frac{dr}{dt}.$$

Die auf dem Radiusvector senkrecht stehende Geschwindigkeitscomponente ist $r\frac{d\theta}{dt}$, wenn θ wie bisher die wahre Anomalie bedeutet. Zerlegt man diese Componente nach der y- und der z-Axe, so ist

$$\frac{dy}{dt} = r\frac{d\theta}{dt}\cdot\cos i$$
$$\frac{dz}{dt} = r\frac{d\theta}{dt}\cdot\sin i$$

Gehen die Meteore durch ihren niedersteigenden Knoten, so ist die $+x$-Axe dem Radiusvector r gerade entgegengesetzt, und man übersieht sofort, dass die drei Geschwindigkeitscomponenten gleich den obigen, jedoch mit dem Minuszeichen versehenen Werthen sind.

Bekanntlich ist nun

$$(45) \qquad \left\{ \begin{aligned} \frac{dr}{dt} &= \frac{k}{\sqrt{p}}\cdot e\sin\theta \\ r\frac{d\theta}{dt} &= \frac{k\sqrt{p}}{r}, \end{aligned} \right.$$

folglich allgemein

$$(46) \qquad \left\{ \begin{aligned} \frac{dx}{dt} &= \pm\frac{k}{\sqrt{p}}\cdot e\sin\theta \\ \frac{dy}{dt} &= \pm\frac{k\sqrt{p}}{r}\cdot\cos i \\ \frac{dz}{dt} &= \pm\frac{k\sqrt{p}}{r}\cdot\sin i. \end{aligned} \right.$$

Das obere Vorzeichen gilt, wenn die Meteore durch den aufsteigenden, das untere, wenn sie durch den niedersteigenden Knoten gehen.

Ist p nicht von der Grösse, dass in einem der Knoten genau $r = R$ werden kann, so muss man für p einen Werth substituiren, der dies ermöglicht. Diese Einsetzung ist gestattet, da ja den verschiedenen Körpern des Stromes verschiedene Parameter entsprechen. Die Lage des Aphels der Bahn, also auch des Punktes im Raum, aus dem das Körpersystem zur Sonne kommt, wird durch eine solche Aenderung des Parameters nicht geändert.

Der gesuchte Parameter ist offenbar gleich $R(1+e\cos\theta)$, während $r = R$ wird, sodass

$$(47)\quad \begin{cases} \dfrac{dx}{dt} = \pm \dfrac{k e \sin\theta}{\sqrt{1+e\cos\theta}} \\ \dfrac{dy}{dt} = \pm k\cos i\sqrt{\dfrac{1+e\cos\theta}{R}} \\ \dfrac{dz}{dt} = \pm k\sin i\sqrt{\dfrac{1+e\cos\theta}{R}}. \end{cases}$$

Sind X, Y, Z die Erdcoordinaten, so ist, weil die wahre Anomalie derselben gleich $180^\circ + \odot - \omega$, und die Neigung ihrer Bahn gegen die Ekliptik gleich 0 ist, nach Analogie der Gleichungen (46)

$$(48)\quad \begin{cases} \dfrac{dX}{dt} = \mp \dfrac{ke}{\sqrt{1-e^2}}\cdot\sin(\odot - \omega) \\ \dfrac{dY}{dt} = \pm \dfrac{k\sqrt{1-e^2}}{R} \\ \dfrac{dZ}{dt} = 0. \end{cases}$$

Bedeuten wie früher L und B Länge und Breite des scheinbaren Radiationspunktes S, u die relative Geschwindigkeit der Meteore, so sind die Componenten derselben nach den drei Coordinatenaxen

$$-u.\cos B.\cos(L - \Omega)$$
$$-u.\cos B.\sin(L - \Omega)$$
$$-u.\sin B$$

oder, da

$$\Omega = \begin{matrix} \odot + 180^\circ \\ \odot \end{matrix} \Big\} \begin{matrix} \Omega \\ ℧ \end{matrix} \text{ ist,}$$

$$\pm u.\cos B.\cos(L - \odot) = \frac{dx}{dt} - \frac{dX}{dt}$$
$$\pm u.\cos B.\sin(L - \odot) = \frac{dy}{dt} - \frac{dY}{dt}$$
$$-u.\sin B \qquad = \frac{dz}{dt} - \frac{dZ}{dt}.$$

Setzt man nun aus (47) und (48) ein, so wird

$$
(49)\quad\left\{\begin{aligned}
\frac{u}{k}\cdot\cos B.\cos(L-\odot) &= \frac{e\sin\theta}{\sqrt{R(1+e\cos\theta)}}+\frac{e.\sin(\odot-\omega)}{\sqrt{1-e^2}}\\
\frac{u}{k}\cdot\cos B.\sin(L-\odot) &= \cos i\sqrt{\frac{1+e\cos\theta}{R}}-\sqrt{\frac{1-e^2}{R}}\\
\frac{u}{k}\cdot\sin B &= \mp\sin i\sqrt{\frac{1+e\cos\theta}{R}}.
\end{aligned}\right.
$$

Ist die Bahn parabolisch, also $e = 1$, so wird das Kriterium (43)

$$
(50)\quad\left\{\begin{aligned}
&1 = \frac{q}{\cos^2\frac{\Omega-\pi}{2}}\\
&\text{oder}\\
&1 = \frac{q}{\sin^2\frac{\Omega-\pi}{2}}
\end{aligned}\right.
$$

und die Gleichungen (49) gehen über in

$$
(51)\quad\left\{\begin{aligned}
\frac{u}{k}\cdot\cos B.\cos(L-\odot) &= \sin\frac{\theta}{2}\sqrt{\frac{2}{R}}+\frac{e\sin(\odot-\omega)}{\sqrt{1-e^2}}\\
\frac{u}{k}\cdot\cos B.\sin(L-\odot) &= \cos i\cos\frac{\theta}{2}\sqrt{\frac{2}{R}}-\sqrt{\frac{1-e^2}{R}}\\
\frac{u}{k}\cdot\sin B &= \mp\sin i\cos\frac{\theta}{2}\sqrt{\frac{2}{R}}.
\end{aligned}\right.
$$

Man beachte, dass in diesen Gleichungen $\cos\frac{\theta}{2}$ stets positiv zu nehmen ist, da es eine positive Quadratwurzel repräsentirt. Dagegen muss $\sin\frac{\theta}{2}$ in der ersten Gleichung stets das Vorzeichen von $\sin\theta$ haben.

Vernachlässigt man e, so wird

$$
(52)\quad\left\{\begin{aligned}
\frac{u}{k}\cdot\cos B.\cos(L-\odot) &= \sin\frac{\theta}{2}\sqrt{2}\\
\frac{u}{k}\cdot\cos B.\sin(L-\odot) &= \cos i.\cos\frac{\theta}{2}\sqrt{2}-1\\
\frac{u}{k}\cdot\sin B &= \mp\sin i.\cos\frac{\theta}{2}\sqrt{2}.
\end{aligned}\right.
$$

Das doppelte Vorzeichen in der dritten Gleichung hat die schon oft angeführte Bedeutung.

Beispiel. Es sei

$$\Omega = 318^\circ.0$$
$$\pi = 335^\circ.9$$
$$i = 168^\circ.2$$
$$q = 0.981.$$

Hier ist

$$\lg q = 9.991$$
$$\lg \cos^2 \frac{\Omega - \pi}{2} = 9.990$$
$$\text{Differenz} = 0.001.$$

Das erste Kriterium (50) ist also erfüllt, d. h. es findet ein Durchschnitt am aufsteigenden Knoten statt.

Demnach ist $\odot = \Omega - 180^\circ = 138^\circ.0$ also, wenn $\omega = 100^\circ.5$, $\odot - \omega = 37^\circ.5$, $\lg R = 0.006$, $\theta = \Omega - \pi = 342^\circ.1$.

Bedenkt man die für die Vorzeichen gegebene Regel, so findet man

$$\lg \frac{u}{k} \cdot \cos B . \cos (L - \odot) = 9.318 n$$
$$\lg \frac{u}{k} \cdot \cos B . \sin (L - \odot) = 0.369 n$$
$$\lg \frac{u}{k} \cdot \sin B \qquad = 9.453 n$$

woraus

$$L - \odot = 264^\circ.9$$
$$L \qquad = 42^\circ.9$$
$$B \qquad = -6^\circ.9.$$

Mit den Grössen $\pi - \odot = 197^\circ.9$ und $i = 168^\circ.2$ kann man auch aus der Karte L und B bestimmen. Ich erhielt $B = -7^\circ$, $\odot - L = 95^\circ.1$, also $L = 42^\circ.9$.

Vergleichung von Meteor- und Kometenbahnen.

Wenn man, um über die Zusammengehörigkeit eines Meteorstromes und eines Kometen zu urtheilen, weiter nichts zu thun hätte, als die gefundenen Elemente zu vergleichen, und, jenachdem die Zahlen eine völlige Uebereinstimmung zeigen oder nicht, die Frage entscheiden könnte, so wäre die Aufgabe eine sehr einfache. Es muss aber hier auf zwei Umstände Rücksicht genommen werden, nämlich erstens auf die Fehler in der Bestimmung des Radiationspunktes, zweitens auf die Verschiedenheit, die in der Knotenlänge der Meteore und des Kometen leicht stattfinden kann. Je länger nämlich die Erde in dem Strom sich befindet, desto verschiedener werden die Sonnenlängen für ihren Eintritt und Austritt sein, desto verschiedener also auch die Knotenlängen der zuerst und der zuletzt angetroffenen Körperchen.

Es werden also auch bei verschiedener Kometenlänge noch ein Komet und ein Meteorstrom ein zusammengehöriges System bilden können. Jemehr sich die Richtung der Meteore der Tangente an die Erdbahn nähert, desto längere Zeit wird aber die Erde im Strom verweilen, woraus man sieht, dass der Winkel s, welcher nahe 0° oder 180° sein muss, einen ungefähren Ueberschlag ermöglicht, ob eine gegebene Knotendifferenz noch wahrscheinlich ist oder nicht.

Etwas Sicheres lässt sich jedoch hier nicht sagen, da ja die Querdimensionen des Stromes unbekannt sind.

Die Vergleichung von Meteor- und Kometenbahnen kann nun in zweierlei Weise stattfinden, indem man entweder die beiderseitigen Elemente, oder die beiderseitigen Radiationspunkte vergleicht.

Vergleichung der Elemente.

Stimmen die Meteor- und Kometenelemente bis auf geringe Differenzen überein, so ist kein Anlass vorhanden, noch weitere Untersuchungen anzustellen, sondern man wird Meteore und Kometen als ein einziges System betrachten.

Wir wollen nun aber allgemeiner annehmen, dass in den Elementen Abweichungen vorkommen, die zu stark sind, um eine solche unmittelbare Beurtheilung zu ermöglichen.

Die Differenz „Knotenlänge der Meteore weniger Knotenlänge des Kometen" heisse $d\Omega = d\odot$.

Wenn wirklich Meteore und Kometen ein System bilden, so müssen zwischen ihren Elementen — abgesehen von den durch die Beobachtungsfehler bedingten Abweichungen — gewisse Relationen bestehen, die zunächst aufzusuchen sind.

Es ist klar, dass alle Körper des Systems in sehr grosser Entfernung von der Sonne dieser letzteren in nahezu derselben Richtung erscheinen müssen, d. h., dass die sphärischen Coordinaten der Aphele oder Perihele für Meteore und Kometen untereinander übereinstimmen müssen. Man könnte also diese Coordinaten untereinander vergleichen, was auch in manchen Fällen eine zweckmässige Methode sein mag. Hiermit ist jedoch der Mangel verbunden, dass man den Einfluss der Fehler des Radiationspunktes auf diese Coordinaten nicht so ohne Weiteres übersehen kann.

Wir schlagen daher folgenden Weg ein: Zuerst berechnen wir die Länge l und die Breite b des Kometenperihels, sodann ändern wir die Knotenlänge um $d\Omega = d\odot$ und suchen, während l und b constant bleiben, die Aenderungen $d\pi$ und di, welche an π und i anzubringen sind.

Die so modificirten Kometenelemente vergleichen wir mit den Meteorelementen. Auch jetzt werden sich noch Abweichungen finden; die Tafeln III und IV lassen aber sofort erkennen, ob diese durch Fehler in der Bestimmung von L und B zu erklären sind.

Zwischen den Elementen π, Ω, i des Kometen und den Coordinaten l und b seines Perihels finden folgende Relationen statt:

$$(53)\quad \begin{cases} \cos(\pi-\Omega) = \cos b.\cos(l-\Omega) \\ \sin i.\sin(\pi-\Omega) = \sin b \\ \cos i.\sin(\pi-\Omega) = \cos b.\sin(l-\Omega), \end{cases}$$

woraus l und b gefunden werden. Ist dies geschehen, so berechnet man $d\pi$ und di aus den Gleichungen

$$(54)\quad \begin{cases} \cos(\pi+d\pi-\Omega-d\Omega) = \cos b.\cos(l-\Omega-d\Omega) \\ \sin(i+di)\sin(\pi+d\pi-\Omega-d\Omega) = \sin b \\ \cos(i+di)\sin(\pi+d\pi-\Omega-d\Omega) = \cos b.\sin(l-\Omega-d\Omega). \end{cases}$$

Ist $d\Omega$ nur klein, so kann man aus (53) und (54) leicht folgende Differentialausdrücke herleiten:

$$(55)\quad \begin{cases} d\pi = (1-\cos i)d\Omega = 2\sin^2 \tfrac{1}{2}i\, d\Omega \\ di = \sin i \operatorname{ctg}(\pi-\Omega)d\Omega. \end{cases}$$

Die reducirten Kometenelemente sind also $\Omega+d\Omega$, $i+di$, $\pi+d\pi$

$$q = \begin{cases} 2R.\cos^2 \dfrac{\Omega+d\Omega-\pi-d\pi}{2} & \Big|\ \Omega \\ 2R.\sin^2 \dfrac{\Omega+d\Omega-\pi-d\pi}{2} & \Big|\ \mho \end{cases}$$

für parabolische Kometenbahnen. Für elliptische Bahnen dagegen ist

$$p = \begin{matrix} R\{1+e\cos(\Omega+d\Omega-\pi-d\pi)\} \\ R\{1-e\cos(\Omega+d\Omega-\pi-d\pi)\} \end{matrix} \Big\} \begin{matrix} \Omega \\ \mho \end{matrix}$$

Die reducirten Kometenelemente werden nun mit den Meteorelementen verglichen, und mit Hülfe von Tafel III und IV wird untersucht, ob sich die Abweichungen durch Fehler in L und B erklären lassen.

Beziehen sich die Meteorelemente auf das mittlere Aequinoctium des Jahres t_1, die des Kometen auf das des Jahres t, so hat man, wenn beide Jahre sehr von einander verschieden sind, auch noch die Präcession zu berücksichtigen, indem man zu den Kometenelementen Ω und π addirt

$$0^\circ.014(t_1-t),$$

wodurch auf die Epoche des Meteorfalles reducirt ist.

Die Aenderung der Neigung, welche von der Veränderlichkeit der Schiefe der Ekliptik herrührt, ist zu gering, um hier berücksichtigt zu werden.

Beispiel. Wir vergleichen die Elemente des schon oben behandelten Meteorstroms (No. 140 in Schiaparelli's Verzeichniss) mit denen des Kometen 1862 II. Da $s = 4^\circ.8$ gefunden war, so muss die Erde ziemlich lange in dem Meteorstrome verweilen. Wir haben folgende Elemente

Meteore	Komet
$\Omega = 318^\circ$	$\Omega = 326^\circ.5$
$i = 176^\circ.6$	$i = 172^\circ.1$
$\pi = 312^\circ.0$	$\pi = 353^\circ.7$
$q = 1.012$	$q = 0.981.$

Zunächst findet man aus den Kometenelementen nach (53)

$$l = 299^\circ.5, \quad b = +3^\circ.6.$$

Da nun hier $d\Omega = -8^\circ.5$, so findet man nach (54)

$$i+di = 168^\circ.2$$
$$\pi+d\pi = 335^\circ.9.$$

Diese Länge des Perihels ist zwar noch nahezu um 4° grösser als die der Meteore, doch genügt eine Aenderung von L um etwa 7°, um den Unterschied wegzuschaffen, wie dies sowohl Tafel IV als auch die Karte zeigen. Ebenso kann der Unterschied in der Neigung durch eine Aenderung in B um etwa 5° beseitigt werden.

Dass derartige Fehler in L und B vorliegen, scheint mir nicht undenkbar, doch lässt sich ohne genaue Kenntniss der Beobachtungen hier wohl keine Entscheidung treffen.

Vergleichung der Radiationspunkte.

Es erfordert nur einen geringen Mehraufwand von Rechnung, den schon wegen der Differenz der Knotenlängen reducirten Radiationspunkt zu berechnen, wozu die Gleichungen (51) zu benutzen sind. Man vergesse aber nicht für i, ⊙ und θ die reducirten Werthe einzusetzen. Ist dies ausgeführt, so kann man unmittelbar den Radiationspunkt der Meteore mit dem des Kometen vergleichen und darüber befinden, ob die Abweichungen durch Fehler zu erklären sind oder nicht.

In unserem Beispiele finden wir für den Kometen (vergl. das Beispiel im vorigen Abschnitt)

$$L = 42^\circ.9$$
$$B = -6^\circ.9,$$

während man für die Meteore hatte

$$L = 50^\circ$$
$$B = -2^\circ.$$

Dies ist übereinstimmend mit dem oben über die zu erwartende Verschiebung von L und B Gesagten.

Tafeln.

I. Tafel

⊙−L	δ = 0°	±4°	±8°	±12°	±16°	±20°	±24°	±28°	±32°	±36°	±40°	±44°	⊙−L
0°	90.0	90.0	90.0	90.0	90.0	90.0	90.0	90.0	90.0	90.0	90.0	90.0	180°
4	86.0	86.0	86.0	86.1	86.2	86.2	86.3	86.5	86.6	86.8	86.9	87.1	176
8	82.0	82.0	82.1	82.2	82.3	82.5	82.7	82.9	83.2	83.5	83.9	84.3	172
12	78.0	78.0	78.1	78.3	78.5	78.7	79.1	79.1	79.8	80.3	80.8	81.1	168
16	74.0	74.0	74.2	74.1	74.6	75.0	75.1	75.9	76.3	77.1	77.8	78.6	164
20	70.0	70.0	70.2	70.5	70.8	71.2	71.8	72.1	73.1	73.9	74.8	75.8	160
24	66.0	66.1	66.2	66.6	67.0	67.5	68.2	69.0	69.4	70.4	71.8	73.0	156
28	62.0	62.1	62.3	62.7	63.2	63.8	64.6	65.5	66.5	67.7	69.3	70.5	152
32	58.0	58.1	58.3	58.8	59.1	60.1	61.0	62.1	63.3	64.6	66.0	67.6	148
36	54.0	54.1	54.4	54.9	55.6	56.5	57.5	58.7	60.1	61.6	63.3	65.0	144
40	50.0	50.1	50.5	51.0	51.8	52.8	54.0	55.4	57.0	58.7	60.5	62.5	140
44	46.0	46.1	46.5	47.2	48.1	49.2	50.6	52.3	53.9	55.8	58.4	60.8	136
48	42.0	42.3	42.6	43.4	44.4	45.7	47.2	49.0	50.9	53.0	55.3	57.7	132
52	38.0	38.2	38.7	39.6	40.8	42.2	44.0	45.0	48.1	50.4	52.9	55.5	128
56	34.0	34.2	34.8	35.8	37.2	38.8	40.8	42.9	45.3	47.9	50.6	53.4	124
60	30.0	30.2	31.0	32.1	33.6	35.5	37.7	40.1	42.7	45.5	48.1	51.5	120
64	26.0	26.3	27.1	28.5	30.2	32.4	34.8	37.5	40.3	43.4	46.5	49.7	116
68	22.0	22.3	23.3	24.0	27.0	29.4	32.1	35.0	38.2	41.4	44.7	48.2	112
72	18.0	18.1	19.6	21.5	23.9	26.7	29.7	32.9	36.2	39.7	43.2	46.8	108
76	14.0	14.5	16.1	18.1	21.1	24.3	27.6	31.0	34.6	38.3	42.0	45.7	104
80	10.0	10.8	13.4	15.6	19.8	22.3	25.9	29.6	33.4	37.2	41.0	44.9	100
84	6.0	7.2	10.0	13.1	17.1	20.8	24.7	28.6	32.5	36.4	40.1	44.3	96
88	2.0	4.5	8.2	12.2	16.1	20.1	24.0	28.1	32.1	36.0	40.0	44.0	92
90	0.0	4.0	8.0	12.0	16.0	20.0	24.0	28.0	32.0	36.0	40.0	44.0	90
⊙−L	δ = 0°	±4°	±8°	±12°	±16°	±20°	±24°	±28°	±32°	±36°	±40°	±44°	⊙−L

⊙−L	δ = 0°	±4°	±8°	±12°	±16°	±20°	±24°	±28°	±32°	±36°	±40°	±44°	⊙−L
180	90.0	90.0	90.0	90.0	90.0	90.0	90.0	90.0	90.0	90.0	90.0	90.0	360°
184	94.0	94.0	94.0	93.9	93.8	93.8	93.7	93.5	93.4	93.2	93.1	92.9	356
188	98.0	98.0	97.9	97.8	97.7	97.5	97.3	97.1	96.8	96.5	96.1	95.7	352
192	102.0	102.0	101.9	101.7	101.3	101.3	100.9	100.6	100.2	99.7	99.2	98.6	348
196	106.0	106.0	105.8	105.6	105.1	105.0	104.6	104.1	103.5	102.9	102.2	101.1	344
200	110.0	110.0	109.8	109.5	109.2	108.7	108.2	107.5	106.9	106.1	105.2	104.2	340
204	114.0	113.9	113.8	113.4	113.0	112.5	111.8	111.0	110.2	109.2	108.2	107.0	336
208	118.0	117.9	117.7	117.3	116.8	116.2	115.4	114.5	113.5	112.3	111.1	109.7	332
212	122.0	121.9	121.7	121.2	120.6	119.9	119.0	117.9	116.7	115.4	114.0	112.1	328
216	126.0	125.9	125.6	125.1	124.0	123.5	122.5	121.3	119.9	118.4	116.8	115.0	324
220	130.0	129.9	129.5	129.0	128.2	127.2	126.0	124.6	123.0	121.3	119.5	117.5	320
224	134.0	133.9	133.5	132.8	131.9	130.8	129.4	127.8	126.1	124.2	122.2	120.0	316
228	138.0	137.8	137.4	136.6	135.6	134.3	132.8	131.0	129.1	127.0	124.7	122.3	312
232	142.0	141.8	141.3	140.1	139.2	137.8	136.0	134.1	131.9	129.6	127.1	124.5	308
236	146.0	145.8	145.2	144.2	142.8	141.2	139.2	137.1	134.7	132.1	129.4	126.6	304
240	150.0	149.8	149.0	147.9	146.1	144.5	142.3	139.9	137.3	134.5	131.6	128.5	300
244	154.0	153.7	152.9	151.5	149.8	147.6	145.2	142.5	139.7	136.6	133.5	130.3	296
248	158.0	157.7	156.7	155.1	153.0	150.6	147.9	145.0	141.8	138.6	135.3	131.8	292
252	162.0	161.6	160.1	158.5	156.1	153.3	150.3	147.1	143.8	140.3	136.8	133.2	288
256	166.0	165.5	163.9	161.9	158.9	155.7	152.4	149.0	145.4	141.7	138.0	134.3	284
260	170.0	169.2	166.6	164.4	161.2	157.7	154.1	150.1	146.6	142.8	139.0	135.1	280
264	174.0	172.8	170.0	166.9	162.9	159.2	155.3	151.1	147.5	143.6	139.9	135.7	276
268	178.0	175.5	171.8	167.8	163.9	159.9	156.0	151.9	147.9	144.0	140.0	136.0	272
270	180.0	176.0	172.0	168.0	164.0	160.0	156.0	152.0	148.0	144.0	140.0	136.0	270
⊙−L	δ = 0°	±4°	±8°	±12°	±16°	±20°	±24°	±28°	±32°	±36°	±40°	±44°	⊙−L

für *n*.

⊙−ℓ	±44°	±48°	±52°	±56°	±60°	±64°	±68°	±72°	±76°	±80°	±84°	±88°	±90°	⊙−ℓ
0°	90.0	90.0	90.0	90.0	90.0	90.0	90.0	90.0	90.0	90.0	90.0	90.0	90.0	180°
4	87.1	87.3	87.5	87.8	88.0	88.2	88.5	88.8	89.0	89.3	89.6	89.8	90.0	176
8	84.3	84.7	85.1	85.5	86.0	86.5	87.0	87.5	88.1	88.6	89.2	89.7	90.0	172
12	81.4	82.0	82.6	83.3	84.0	84.8	85.5	86.3	87.1	87.9	88.8	89.6	90.0	168
16	78.4	79.1	80.3	81.1	82.1	83.1	84.1	85.1	86.2	87.3	88.3	89.4	90.0	164
20	75.4	76.4	77.4	79.0	80.2	81.4	82.6	83.9	85.2	86.6	88.0	89.3	90.0	160
24	73.0	74.2	75.5	76.9	78.3	79.7	81.2	82.8	84.4	85.9	87.6	89.2	90.0	156
28	70.1	71.7	73.3	74.9	76.1	78.1	79.9	81.7	83.5	85.3	87.2	89.1	90.0	152
32	67.6	69.2	71.0	72.8	74.8	76.6	78.6	80.6	82.6	84.7	86.8	88.9	90.0	148
36	65.0	66.9	69.0	70.9	72.9	75.1	77.3	79.5	81.8	84.1	86.5	88.8	90.0	144
40	62.5	64.6	66.7	69.0	71.3	73.6	76.1	78.5	81.1	83.6	86.1	88.7	90.0	140
44	60.0	62.3	64.7	67.1	69.7	72.3	74.9	77.6	80.3	83.1	85.8	88.6	90.0	136
48	57.7	60.2	62.8	65.4	68.2	71.0	73.8	76.7	79.6	82.6	85.5	88.5	90.0	132
52	55.5	58.2	61.0	63.9	66.8	69.8	72.8	75.9	79.0	82.1	85.3	88.4	90.0	128
56	53.4	56.3	59.3	62.4	65.5	68.7	71.9	75.2	78.4	81.7	85.0	88.3	90.0	124
60	51.5	54.6	57.8	61.0	64.3	67.7	71.1	74.5	77.9	81.3	84.8	88.3	90.0	120
64	49.7	53.0	56.4	59.8	63.3	66.8	70.3	73.9	77.1	81.0	84.6	88.2	90.0	116
68	48.2	51.7	55.2	58.8	62.4	66.0	69.7	73.3	77.0	80.7	84.4	88.1	90.0	112
72	46.8	50.5	54.2	57.9	61.6	65.4	69.1	72.9	76.7	80.5	84.2	88.1	90.0	108
76	45.7	49.5	53.3	57.1	61.0	64.8	68.7	72.6	76.4	80.3	84.2	88.1	90.0	104
80	44.9	48.8	52.7	56.6	60.5	64.4	68.4	72.3	76.2	80.2	84.1	88.0	90.0	100
84	44.3	48.3	52.2	56.2	60.2	64.2	68.1	72.1	76.1	80.1	84.0	88.0	90.0	96
88	44.0	48.0	52.0	56.0	60.0	64.0	68.0	72.0	76.0	80.0	84.0	88.0	90.0	92
90	44.0	48.0	52.0	56.0	60.0	64.0	68.0	72.0	76.0	80.0	84.0	88.0	90.0	90
⊙−ℓ	±44°	±48°	±52°	±56°	±60°	±64°	±68°	±72°	±76°	±80°	±84°	±88°	±90°	⊙−ℓ

⊙−ℓ	±44°	±48°	±52°	±56°	±60°	±64°	±68°	±72°	±76°	±80°	±84°	±88°	±90°	⊙−ℓ
180°	90.0	90.0	90.0	90.0	90.0	90.0	90.0	90.0	90.0	90.0	90.0	90.0	90.0	360°
184	92.9	92.7	92.5	92.2	92.0	91.8	91.5	91.3	91.0	90.7	90.4	90.1	90.0	356
188	95.7	95.3	94.9	94.5	94.0	93.5	93.0	92.5	91.9	91.4	90.8	90.3	90.0	352
192	98.6	98.0	97.4	96.7	96.0	95.2	94.5	93.7	92.9	92.1	91.2	90.4	90.0	348
196	101.6	100.9	99.7	98.9	97.9	96.9	95.9	94.9	93.8	92.7	91.7	90.6	90.0	344
200	104.6	103.6	102.6	101.0	99.8	98.6	97.4	96.1	94.7	93.4	92.0	90.7	90.0	340
204	107.6	106.4	104.5	103.1	100.7	100.3	98.8	97.3	95.8	94.1	92.4	90.8	90.0	336
208	110.7	109.3	107.8	105.3	103.6	101.9	100.1	98.3	96.5	94.7	92.8	90.9	90.0	332
212	112.6	110.8	109.0	107.3	105.4	103.4	101.4	99.4	97.4	95.3	93.2	91.1	90.0	328
216	115.0	113.2	111.2	109.3	107.1	104.9	102.7	100.5	98.2	95.9	93.6	91.3	90.0	324
220	117.5	115.5	113.3	111.1	108.7	106.1	103.9	101.5	98.9	96.4	93.9	91.3	90.0	320
224	120.0	117.7	115.3	112.9	110.3	107.7	105.1	102.4	99.7	96.9	94.2	91.4	90.0	316
228	122.3	119.8	117.3	114.6	111.8	109.0	106.2	103.3	100.4	97.4	94.5	91.5	90.0	312
232	124.5	121.8	119.0	116.1	113.2	110.2	107.2	104.1	101.0	97.9	94.7	91.6	90.0	308
236	126.4	123.7	120.7	117.6	114.5	111.3	108.1	104.8	101.6	98.3	94.9	91.7	90.0	304
240	128.5	125.4	122.3	119.0	115.7	112.3	108.9	105.5	102.1	98.7	95.2	91.7	90.0	300
244	130.8	127.0	123.6	120.2	116.7	113.2	109.7	106.1	102.6	99.0	95.4	91.8	90.0	296
248	131.8	129.3	124.8	121.2	117.6	114.0	110.3	106.7	103.0	99.3	95.6	91.9	90.0	292
252	[illegible]	[illegible]	125.4	122.1	118.4	114.6	110.9	107.1	103.3	99.5	95.7	91.9	90.0	288
256	[illegible]	130.3	126.7	122.9	119.0	115.2	111.3	107.4	103.6	99.7	95.8	91.9	90.0	284
260	[illegible]	131.2	127.3	123.4	119.5	115.6	111.6	107.7	103.8	99.8	95.9	92.0	90.0	280
264	135.7	131.7	127.8	123.8	119.8	115.9	111.9	107.9	103.9	99.9	96.0	92.0	90.0	276
268	136.0	132.0	128.0	124.0	120.0	116.0	112.0	108.0	104.0	100.0	96.0	92.0	90.0	272
270	136.0	132.0	128.0	124.0	120.0	116.0	112.0	108.0	104.0	100.0	96.0	92.0	90.0	270
⊙−ℓ	±44°	±48°	±52°	±56°	±60°	±64°	±68°	±72°	±76°	±80°	±84°	±88°	±90°	⊙−ℓ

II. Tafel

⊙ − L	δ = 0°	± 4°	± 8°	± 12°	± 16°	± 20°	± 24°	± 28°	± 32°	± 36°	± 40°	± 44°	⊙ − L
0°	135.0	135.0	135.0	135.0	135.0	135.0	135.0	135.0	135.0	135.0	135.0	135.0	180°
4	130.9	130.9	130.9	130.9	131.0	131.1	131.3	131.1	131.5	131.7	131.9	132.1	176
8	126.1	126.5	126.5	126.6	126.8	127.0	127.3	127.5	127.8	128.3	128.6	129.0	172
12	121.8	121.8	121.9	122.1	122.3	122.6	123.0	123.5	124.0	124.5	125.1	125.8	168
16	116.8	116.9	117.0	117.3	117.6	118.1	118.6	119.2	119.9	120.7	121.5	122.4	164
20	111.8	111.7	111.9	112.2	112.7	113.3	114.0	114.8	115.7	116.7	117.8	119.0	160
24	106.2	106.3	106.6	107.0	107.6	108.3	109.3	110.2	111.4	112.7	114.1	115.6	156
28	100.6	100.7	101.1	101.6	102.3	103.2	104.3	105.6	107.0	108.5	110.2	112.0	152
32	94.8	95.0	95.4	96.0	96.9	98.0	99.3	100.8	102.5	104.3	106.3	108.1	148
36	88.9	89.0	89.5	90.3	91.3	92.6	94.1	95.9	97.9	100.1	102.1	104.8	144
40	82.8	83.0	83.5	84.1	85.6	87.1	89.0	91.0	93.3	95.8	98.5	101.3	140
44	76.6	76.8	77.4	78.4	79.9	81.6	83.7	86.1	88.8	91.4	94.6	97.8	136
48	70.2	70.5	71.2	72.4	74.1	76.1	78.5	81.2	84.2	87.4	90.8	94.4	132
52	63.8	64.1	65.0	66.3	68.1	70.8	73.3	76.4	79.8	83.4	87.2	91.1	128
56	57.3	57.6	58.6	60.3	62.4	65.1	68.3	71.7	75.5	79.5	83.7	88.0	124
60	50.7	51.1	52.3	54.3	56.7	60.0	63.5	67.2	71.4	75.8	80.4	85.0	120
64	44.1	44.5	45.9	48.2	51.1	54.6	58.6	63.0	67.6	72.4	77.3	82.3	116
68	37.4	37.9	39.6	42.2	45.7	49.7	54.3	59.0	64.1	69.3	74.6	80.0	112
72	30.6	31.3	33.4	36.8	40.6	45.2	50.2	55.5	61.0	66.5	72.2	77.9	108
76	23.8	24.8	27.4	31.3	35.9	41.1	46.7	52.4	58.3	64.3	70.2	76.2	104
80	17.1	18.4	21.8	26.5	32.0	37.8	43.9	50.0	56.3	62.5	68.7	74.8	100
84	10.2	12.2	17.0	22.8	29.0	35.4	41.9	48.4	54.8	61.3	67.6	73.9	96
88	3.1	7.6	14.1	20.7	27.1	34.2	40.8	47.5	54.1	60.6	67.1	73.5	92
90	0.0	6.8	13.6	20.5	27.3	34.0	40.7	47.4	54.0	60.6	67.0	73.4	90
⊙ − L	δ = 0°	± 4°	± 8°	± 12°	± 16°	± 20°	± 24°	± 28°	± 32°	± 36°	± 40°	± 44°	⊙ − L

⊙ − L	δ = 0°	± 4°	± 8°	± 12°	± 16°	± 20°	± 24°	± 28°	± 32°	± 36°	± 40°	± 44°	⊙ − L
180°	135.0	135.0	135.0	135.0	135.0	135.0	135.0	135.0	135.0	135.0	135.0	135.0	360°
184	139.9	139.9	139.8	139.8	139.7	139.6	139.5	139.1	139.3	139.1	139.0	138.8	356
188	142.4	142.4	142.4	142.3	142.3	142.0	141.8	141.6	141.4	141.1	140.8	140.5	352
192	145.8	145.7	145.7	145.5	145.4	145.2	144.9	144.6	144.3	143.9	143.4	143.0	348
196	148.8	148.8	148.7	148.6	148.3	148.1	147.8	147.4	147.0	146.5	145.9	145.3	344
200	151.8	151.8	151.5	151.3	151.1	150.8	150.4	150.0	149.4	149.0	148.2	147.5	340
204	154.2	154.2	154.1	153.9	153.6	153.3	152.8	152.3	151.8	151.1	150.4	149.6	336
208	156.6	156.6	156.5	156.2	155.9	155.6	155.1	154.5	153.9	153.2	152.4	151.5	332
212	158.8	158.8	158.7	158.4	158.1	157.7	157.2	156.6	155.9	155.1	154.2	153.2	328
216	160.9	160.8	160.7	160.4	160.1	159.6	159.1	158.3	157.7	156.9	155.9	154.9	324
220	162.8	162.7	162.6	162.3	161.9	161.5	160.9	160.1	159.4	158.5	157.5	156.4	320
224	164.6	164.5	164.3	164.1	163.7	163.1	162.5	161.8	160.9	160.0	158.9	157.8	316
228	166.2	166.2	166.0	165.7	165.3	164.7	164.0	163.3	162.4	161.1	160.2	159.0	312
232	167.8	167.7	167.5	167.2	166.7	166.1	165.4	164.6	163.7	162.6	161.1	160.2	308
236	169.3	169.2	169.0	168.6	168.1	167.5	166.7	165.9	164.9	163.8	162.5	161.2	304
240	170.7	170.6	170.4	170.0	169.4	168.7	167.9	167.0	165.9	164.8	163.5	162.1	300
244	172.1	172.0	171.7	171.3	170.6	169.9	169.0	168.0	166.9	165.7	164.1	162.9	296
248	173.3	173.3	172.9	172.4	171.7	170.9	170.0	168.9	167.7	166.5	165.1	163.6	292
252	174.6	174.5	174.1	173.5	172.7	171.8	170.8	169.7	168.5	167.2	165.7	164.2	288
256	175.8	175.7	175.2	174.5	173.6	172.6	171.5	170.3	169.1	167.7	166.2	164.7	284
260	177.1	176.8	176.2	175.4	174.4	173.3	172.1	170.8	169.5	168.1	166.6	165.0	280
264	178.2	177.9	177.1	176.0	174.9	173.7	172.5	171.2	169.8	168.4	166.9	165.3	276
268	179.4	178.7	177.6	176.4	175.2	174.0	172.7	171.4	170.0	168.5	167.0	164.6	272
270	180.0	178.8	177.6	176.5	175.2	174.0	172.7	171.1	170.0	168.6	167.0	164.4	270
⊙ − L	δ = 0°	± 4°	± 8°	± 12°	± 16°	± 20°	± 24°	± 28°	± 32°	± 36°	± 40°	± 44°	⊙ − L

für κ.

⊙ − ℓ	±44°	±48°	±52°	±56°	±60°	±64°	±68°	±72°	±76°	±80°	±84°	±88°	±90°	⊙ − ℓ
0°	135.0	135.0	135.0	135.0	135.0	135.0	135.0	135.0	135.0	135.0	135.0	135.0	135.0	180°
4	132.1	131.5	131.5	132.7	133.0	133.2	133.5	133.7	134.0	134.3	134.6	134.9	135.0	176
8	129.0	129.1	129.3	130.1	130.9	131.1	131.9	132.5	133.0	133.6	134.2	134.7	135.0	172
12	125.8	126.1	126.3	127.9	128.7	129.5	130.1	131.3	132.0	132.9	133.7	134.6	135.0	168
16	122.1	123.1	124.1	125.5	126.5	127.6	128.8	129.9	131.0	132.2	133.3	134.1	135.0	164
20	119.0	120.3	121.6	122.9	124.3	125.7	127.2	128.6	130.1	131.5	132.9	134.3	135.0	160
24	115.5	117.1	118.7	120.1	122.1	123.8	125.6	127.3	129.1	130.8	132.5	134.2	135.0	156
28	112.0	113.9	115.8	117.8	119.8	121.9	124.0	125.1	128.1	130.1	132.1	134.1	135.0	152
32	108.1	110.8	112.9	115.2	117.6	120.0	122.1	124.8	127.2	129.5	131.7	133.9	135.0	148
36	104.8	107.1	110.0	112.7	115.1	118.2	120.9	121.8	125.7	128.8	131.1	133.8	135.0	144
40	101.3	104.3	107.3	110.3	113.3	116.4	119.4	122.4	125.4	128.2	131.0	133.7	135.0	140
44	97.8	101.1	104.1	107.4	111.2	114.6	118.0	121.3	124.5	127.7	130.7	133.6	135.0	136
48	94.4	98.0	101.7	105.5	109.2	112.8	116.3	120.2	123.7	127.1	130.1	133.5	135.0	132
52	91.1	95.1	99.2	103.3	106.5	111.4	115.3	119.2	123.0	126.6	130.0	133.1	135.0	128
56	88.0	92.3	96.4	101.2	105.6	109.9	114.1	118.5	122.2	126.1	129.8	132.9	135.0	124
60	85.0	89.8	94.5	99.3	103.9	109.5	113.0	117.4	121.6	125.7	129.6	132.2	135.0	120
64	82.3	87.4	92.5	97.5	102.5	107.2	112.1	116.7	121.1	125.3	129.4	132.2	135.0	116
68	80.0	85.3	90.7	96.0	101.2	106.3	111.2	116.0	120.6	125.0	129.2	132.1	135.0	112
72	77.9	83.5	89.1	94.7	100.1	105.1	110.3	115.4	120.3	124.7	129.0	132.1	135.0	108
76	76.2	82.0	87.9	93.6	99.2	104.6	109.9	115.0	119.8	124.5	128.9	132.0	135.0	104
80	74.8	80.9	86.9	92.8	98.5	104.0	109.4	114.6	119.6	124.3	128.8	132.0	135.0	100
84	73.9	80.1	86.2	92.2	98.0	103.7	109.1	114.4	119.4	124.2	128.7	132.0	135.0	96
88	73.5	79.7	85.9	91.9	97.8	103.5	109.0	114.3	119.3	124.1	128.7	132.0	135.0	92
90	73.4	79.7	85.9	91.9	97.8	103.5	109.0	114.3	119.3	124.1	128.7	132.0	135.0	90
⊙ − ℓ	±44°	±48°	±52°	±56°	±60°	±64°	±68°	±72°	±76°	±80°	±84°	±88°	±90°	⊙ − ℓ

⊙ − ℓ	±44°	±48°	±52°	±56°	±60°	±64°	±68°	±72°	±76°	±80°	±84°	±88°	±90°	⊙ − ℓ
180°	135.0	135.0	135.0	135.0	135.0	135.0	135.0	135.0	135.0	135.0	135.0	135.0	135.0	360°
184	137.8	137.6	137.4	137.2	137.0	136.7	136.5	136.2	136.0	135.7	135.4	135.1	135.0	356
188	140.5	140.1	139.7	139.3	138.9	138.4	137.9	137.4	136.9	136.4	135.8	135.3	135.0	352
192	143.0	142.4	141.9	141.3	140.7	140.0	139.3	138.6	137.8	137.0	136.2	135.4	135.0	348
196	145.9	144.7	143.9	143.2	142.1	141.5	140.6	139.7	138.7	137.7	136.6	135.5	135.0	344
200	148.3	146.7	145.9	145.0	144.0	143.0	141.9	140.7	139.5	138.3	137.0	135.7	135.0	340
204	149.0	148.7	147.7	146.7	145.5	144.4	143.1	141.8	140.4	138.9	137.4	135.8	135.0	336
208	151.5	150.5	149.8	148.9	147.0	145.7	144.2	142.7	141.2	139.5	137.7	136.0	135.0	332
212	153.2	152.2	151.0	149.7	148.3	146.9	145.3	143.7	141.9	140.0	138.1	136.0	135.0	328
216	155.9	153.7	152.5	151.1	149.6	148.0	146.3	144.5	142.6	140.6	138.4	136.2	135.0	324
220	156.1	155.1	153.9	152.1	150.8	149.1	147.3	145.3	143.3	141.0	138.7	136.3	135.0	320
224	157.8	156.5	155.0	153.5	151.9	150.1	148.1	146.1	143.9	141.5	139.0	136.4	135.0	316
228	159.0	157.7	156.3	154.6	152.8	151.0	148.9	146.8	144.4	141.9	139.3	136.5	135.0	312
232	160.2	158.7	157.2	155.5	153.7	151.8	149.7	147.6	144.9	142.3	139.5	136.6	135.0	308
236	161.2	159.7	158.1	156.1	154.5	152.5	150.3	148.0	145.4	142.7	139.8	136.6	135.0	304
240	162.1	160.6	159.0	157.2	155.2	153.2	150.9	148.5	145.8	143.0	140.0	136.7	135.0	300
244	162.9	161.4	159.7	157.9	155.9	153.7	151.4	149.0	146.2	143.3	140.1	136.8	135.0	296
248	163.6	162.0	160.3	158.4	156.4	154.2	151.9	149.3	146.5	143.5	140.3	136.8	135.0	292
252	164.2	162.6	160.8	158.8	156.9	154.6	152.2	149.6	146.8	143.7	140.4	136.8	135.0	288
256	164.7	163.0	161.2	159.3	157.2	155.0	152.5	149.9	147.0	143.9	140.5	136.9	135.0	284
260	165.0	163.4	161.5	159.6	157.5	155.2	152.7	150.1	147.2	144.0	140.6	136.9	135.0	280
264	165.3	163.6	161.7	159.8	157.7	155.4	152.9	150.3	147.3	144.1	140.7	137.0	135.0	276
268	165.4	163.7	161.8	159.9	157.8	155.5	153.0	150.3	147.3	144.1	140.7	137.0	135.0	272
270	165.4	163.7	161.9	159.9	157.8	155.5	153.0	150.3	147.3	144.1	140.7	137.0	135.0	270
⊙ − ℓ	±44°	±48°	±52°	±56°	±60°	±64°	±68°	±72°	±76°	±80°	±84°	±88°	±90°	⊙ − ℓ

III. Tafel

⊙ − L	n = 0°	±2°	±4°	±6°	±8°	±10°	±12°	±14°	±16°	±18°	±20°	±22°	⊙ − L
0°	0.0	2.0	4.0	6.0	7.9	9.8	11.7	13.6	15.4	17.2	18.9	20.5	180°
2	0.0	2.1	4.3	6.4	8.5	10.6	12.6	14.5	16.5	18.3	20.1	21.8	178
4	0.0	2.3	4.6	6.9	9.1	11.4	13.5	15.6	17.6	19.6	21.4	23.2	176
6	0.0	2.5	5.0	7.5	9.9	12.3	14.6	16.8	18.9	21.0	22.9	24.8	174
8	0.0	2.7	5.4	8.1	10.7	13.3	15.8	18.1	20.1	22.6	24.6	26.5	172
10	0.0	3.0	6.0	8.9	11.7	14.5	17.1	19.7	22.1	24.5	26.5	28.5	170
12	0.0	3.3	6.6	9.8	12.9	15.9	18.7	21.4	24.0	26.3	28.6	30.6	168
14	0.0	3.7	7.3	10.8	14.2	17.5	20.6	23.5	26.2	28.8	30.9	33.0	166
16	0.0	4.1	8.1	12.1	15.8	19.4	22.7	25.8	28.6	31.2	33.6	35.7	164
18	0.0	4.6	9.2	13.6	17.8	21.7	25.3	28.8	31.5	34.2	36.6	38.7	162
20	0.0	5.3	10.6	15.5	20.3	24.5	28.3	31.8	34.9	37.6	40.0	42.1	160
22	0.0	6.2	12.3	18.0	23.3	27.9	32.0	35.7	38.8	41.5	43.9	45.8	158
24	0.0	7.5	14.6	21.3	27.1	32.2	36.5	40.3	43.4	46.0	48.2	50.0	156
26	0.0	9.2	17.8	25.5	32.1	37.6	42.1	45.7	48.7	51.1	53.0	54.6	154
28	0.0	11.9	22.6	31.6	38.8	44.5	48.8	52.2	54.8	56.9	58.4	59.8	152
30	0.0	16.4	30.2	40.5	47.9	53.2	57.0	59.7	61.7	63.2	64.2	65.0	150
32	0.0	25.7	45.4	58.9	60.2	64.1	66.7	68.3	69.1	70.1	70.5	70.7	148
34	0.0	51.4	67.1	73.0	75.7	77.0	77.6	77.8	77.7	77.4	77.1	76.6	146
36	180.0	128.4	103.9	95.9	92.8	90.8	89.0	87.5	86.2	84.9	83.7	82.6	144
38	180.0	154.3	130.1	116.5	108.1	104.0	100.1	97.1	94.5	92.3	90.3	88.6	142
40	180.0	163.1	148.6	131.8	122.2	115.4	110.1	105.9	102.3	99.3	96.6	94.2	140
42	180.0	165.5	152.3	141.1	132.3	124.7	118.7	113.7	109.5	105.8	102.6	99.7	138
44	180.0	168.5	157.6	147.8	139.4	132.0	125.8	120.4	115.8	111.7	108.0	104.8	136
46	180.0	170.4	161.2	152.6	144.8	137.8	131.6	126.1	121.2	116.9	113.0	109.4	134
48	180.0	171.7	163.7	156.0	148.9	142.4	136.5	130.9	125.9	121.4	117.4	113.6	132
50	180.0	172.7	165.5	158.6	152.0	145.9	140.1	134.8	130.0	125.4	121.3	117.5	130
52	180.0	173.4	166.9	160.6	154.5	148.8	143.3	138.2	133.4	128.9	124.7	120.7	128
54	180.0	174.0	168.0	162.2	156.6	151.1	145.9	141.0	136.3	131.9	127.7	123.7	126
56	180.0	174.4	168.9	163.6	158.3	153.1	148.1	143.3	138.8	134.5	130.4	126.6	124
58	180.0	174.8	169.7	164.6	159.6	154.7	150.0	145.4	141.0	136.7	132.6	128.7	122
60	180.0	175.1	170.3	165.5	160.7	156.1	151.5	147.1	142.8	138.7	134.7	130.8	120
62	180.0	175.4	170.8	166.2	161.7	157.2	152.9	148.6	144.5	140.4	136.5	132.8	118
64	180.0	175.6	171.2	166.8	162.5	158.2	151.8	149.9	145.9	141.9	138.0	134.3	116
66	180.0	175.8	171.5	167.3	163.2	159.1	155.0	151.0	147.1	143.2	139.4	135.7	114
68	180.0	175.9	171.9	167.8	163.8	159.8	155.9	152.0	148.1	144.3	140.6	136.9	112
70	180.0	176.1	172.1	168.2	164.3	160.4	156.6	152.8	149.0	145.3	141.6	138.0	110
72	180.0	176.2	172.3	168.5	164.7	160.9	157.2	153.5	149.8	146.1	142.5	139.0	108
74	180.0	176.3	172.5	168.8	165.1	161.4	157.7	154.1	150.5	146.9	143.3	139.8	106
76	180.0	176.3	172.7	169.0	165.4	161.8	158.2	154.6	151.0	147.5	144.0	140.5	104
78	180.0	176.4	172.8	169.2	165.7	162.1	158.6	155.0	151.5	148.0	144.5	141.1	102
80	180.0	176.5	172.9	169.4	165.9	162.4	158.9	155.4	151.9	148.4	145.0	141.6	100
82	180.0	176.5	173.0	169.5	166.0	162.6	159.1	155.7	152.2	148.8	145.4	142.0	98
84	180.0	176.5	173.1	169.6	166.2	162.7	159.3	155.9	152.4	149.0	145.6	142.3	96
86	180.0	176.6	173.1	169.7	166.3	162.8	159.4	156.0	152.6	149.2	145.8	142.5	94
88	180.0	176.6	173.2	169.7	166.3	162.9	159.5	156.1	152.7	149.3	146.0	142.6	92
90	180.0	176.6	173.2	169.8	166.4	163.0	159.6	156.2	152.8	149.4	146.0	142.6	90
⊙ − L	n = 0°	±2°	±4°	±6°	±8°	±10°	±12°	±14°	±16°	±18°	±20°	±22°	⊙ − L

für *i*.

⊙−δ	±22°	±24°	±26°	±28°	±30°	±32°	±34°	±36°	±38°	±40°	±42°	±44°	±46°	⊙−δ
0°	20.5	22.1	23.7	25.1	26.6	27.9	29.2	30.4	31.6	32.7	33.8	34.8	35.7	180°
2	21.4	22.5	24.1	25.6	27.0	28.4	29.7	30.9	32.1	33.2	34.2	35.2	36.1	178
4	23.2	21.9	25.6	28.1	29.6	31.0	32.3	33.5	34.6	35.7	36.7	37.6	38.5	176
6	24.8	26.6	28.2	29.8	31.3	32.7	34.0	35.2	36.3	37.3	38.3	39.2	40.0	174
8	26.5	28.1	30.1	31.6	33.1	34.5	35.8	37.0	38.1	39.0	40.0	40.8	41.6	172
10	28.5	30.3	32.1	33.7	35.2	36.5	37.8	38.9	39.9	40.9	41.7	42.5	43.2	170
12	30.6	32.5	34.3	35.9	37.3	38.6	39.8	40.9	41.9	42.8	43.6	44.3	44.9	168
14	33.0	34.9	36.7	38.3	39.7	41.0	42.1	43.1	44.0	44.8	45.6	46.2	46.7	166
16	35.7	37.6	39.4	40.9	42.2	43.4	44.5	45.5	46.3	47.0	47.6	48.1	48.6	164
18	38.7	40.6	42.3	43.7	45.0	46.1	47.1	47.9	48.6	49.2	49.7	50.1	50.5	162
20	42.1	43.9	45.5	46.8	48.0	49.0	49.8	50.5	51.1	51.6	52.0	52.3	52.5	160
22	45.8	47.5	49.0	50.2	51.2	52.0	52.7	53.3	53.7	54.0	54.3	54.4	54.5	158
24	50.0	51.5	52.9	53.7	54.6	55.3	55.7	56.1	56.4	56.6	56.7	56.7	56.6	156
26	54.6	55.8	56.8	57.6	58.2	58.6	58.9	59.1	59.2	59.2	59.1	59.0	58.8	154
28	59.6	60.5	61.1	61.6	62.0	62.1	62.2	62.2	62.1	61.9	61.6	61.3	61.0	152
30	65.0	65.5	65.8	65.9	65.9	65.8	65.6	65.3	65.0	64.6	64.2	63.7	63.2	150
32	70.7	70.7	70.5	70.3	70.0	69.6	69.1	68.6	68.0	67.4	66.8	66.1	65.1	148
34	76.8	76.0	75.4	74.8	74.1	73.4	72.6	71.8	71.0	70.2	69.4	68.5	67.6	146
36	82.6	81.5	80.4	79.3	78.3	77.2	76.2	75.1	74.1	73.0	72.0	70.9	69.9	144
38	88.5	86.9	85.3	83.8	82.4	81.0	79.7	78.4	77.1	75.8	74.6	73.3	72.1	142
40	94.2	92.1	90.1	88.2	86.4	84.7	83.1	81.6	80.1	78.6	77.2	75.7	74.3	140
42	99.7	97.1	94.7	92.5	90.4	88.4	86.5	84.7	83.0	81.3	79.6	78.0	76.5	138
44	104.8	101.8	99.0	96.5	94.1	91.9	89.8	87.7	85.8	83.9	82.1	80.3	78.6	136
46	109.4	106.1	103.1	100.3	97.7	95.2	92.9	90.7	88.5	86.5	84.5	82.5	80.6	134
48	113.6	110.1	106.9	103.9	101.1	98.4	95.9	93.5	91.1	88.9	86.8	84.7	82.6	132
50	117.4	113.7	110.4	107.2	104.2	101.4	98.7	96.1	93.6	91.3	89.0	86.7	84.6	130
52	120.7	117.0	113.6	110.3	107.1	104.2	101.3	98.6	96.0	93.5	91.1	88.7	86.1	128
54	123.7	120.0	116.4	113.1	109.8	106.7	103.8	101.0	98.2	95.6	93.1	90.6	88.2	126
56	126.4	122.6	119.0	115.6	112.3	109.1	106.1	103.1	100.3	97.6	94.9	92.3	89.8	124
58	128.7	125.0	121.1	117.9	114.5	111.3	108.2	105.2	102.3	99.4	96.7	94.0	91.4	122
60	130.8	127.1	123.5	119.9	116.6	113.3	110.1	107.1	104.1	101.2	98.3	95.6	92.9	120
62	132.6	128.9	125.3	121.8	118.4	115.1	111.9	108.8	105.7	102.8	99.9	97.0	94.3	118
64	134.2	130.6	127.0	123.5	120.1	116.7	113.5	110.3	107.2	104.2	101.3	98.4	95.6	116
66	135.7	132.0	128.5	125.0	121.6	118.2	115.0	111.8	108.6	105.6	102.6	99.6	96.8	114
68	136.9	133.3	129.8	126.3	122.9	119.6	116.3	113.1	109.9	106.8	103.8	100.8	97.8	112
70	138.0	134.4	130.9	127.5	124.1	120.7	117.4	114.2	111.0	107.9	104.8	101.8	98.8	110
72	139.0	135.4	131.9	128.5	125.1	121.8	118.5	115.2	112.0	108.9	105.8	102.7	99.7	108
74	139.8	136.2	132.8	129.4	126.0	122.7	119.4	116.1	112.9	109.7	106.6	103.5	100.5	106
76	140.5	137.0	133.6	130.2	126.8	123.5	120.2	116.9	113.7	110.5	107.4	104.3	101.2	104
78	141.1	137.7	134.2	130.8	127.5	124.2	120.9	117.6	114.4	111.2	108.0	104.9	101.8	102
80	141.6	138.2	134.8	131.4	128.1	124.7	121.4	118.2	115.0	111.7	108.5	105.4	102.3	100
82	142.0	138.6	135.2	131.8	128.5	125.2	121.9	118.6	115.4	112.2	109.0	105.8	102.7	98
84	142.3	138.9	135.5	132.2	128.9	125.5	122.2	119.0	115.8	112.5	109.3	106.2	103.0	96
86	142.5	139.1	135.8	132.4	129.1	125.8	122.5	119.2	116.0	112.8	109.6	106.4	103.2	94
88	142.6	139.2	135.9	132.6	129.2	126.0	122.7	119.4	116.1	112.9	109.7	106.5	103.4	92
90	142.6	139.3	136.0	132.6	129.3	126.0	122.7	119.4	116.2	113.0	109.8	106.6	103.4	90

| ⊙−δ | ±22° | ±24° | ±26° | ±28° | ±30° | ±32° | ±34° | ±36° | ±38° | ±40° | ±42° | ±44° | ±46° | ⊙−δ |

III. Tafel

⊙−L	δ = ±46°	±48°	±50°	±52°	±54°	±56°	±58°	±60°	±62°	±64°	±66°	±68°	⊙−L
0°	35.7	36.6	37.4	38.2	39.0	39.7	40.3	40.9	41.4	42.0	42.1	42.6	180°
2	37.1	37.9	38.7	39.5	40.2	40.8	41.4	41.9	42.4	42.8	43.2	43.6	178
4	38.5	39.3	40.0	40.7	41.4	41.9	42.5	42.9	43.4	43.7	44.1	44.4	176
6	40.0	40.8	41.4	42.1	42.6	43.1	43.6	44.0	44.4	44.7	45.0	45.1	174
8	41.6	42.3	42.9	43.4	43.9	44.4	44.8	45.1	45.4	45.6	45.8	45.9	172
10	43.2	43.8	44.4	44.9	45.3	45.7	46.0	46.3	46.4	46.6	46.7	46.8	170
12	44.9	45.5	45.9	46.3	46.7	47.0	47.2	47.4	47.5	47.6	47.6	47.6	168
14	46.7	47.2	47.5	47.8	48.1	48.3	48.4	48.5	48.6	48.6	48.5	48.4	166
16	48.6	48.9	49.2	49.4	49.6	49.7	49.7	49.7	49.7	49.6	49.4	49.2	164
18	50.5	50.7	50.9	51.0	51.1	51.1	51.0	50.9	50.8	50.6	50.4	50.1	162
20	52.5	52.6	52.7	52.7	52.6	52.5	52.4	52.2	51.9	51.6	51.3	51.0	160
22	54.5	54.5	54.5	54.4	54.2	54.0	53.7	53.4	53.1	52.7	52.3	51.9	158
24	56.6	56.5	56.3	56.1	55.8	55.5	55.1	54.7	54.2	53.7	53.2	52.7	156
26	58.8	58.5	58.2	57.8	57.4	57.0	56.5	56.0	55.4	54.8	54.2	53.5	154
28	61.0	60.5	60.1	59.6	59.0	58.5	57.9	57.2	56.5	55.9	55.2	54.4	152
30	63.2	62.6	62.0	61.3	60.7	60.0	59.3	58.5	57.7	56.9	56.1	55.3	150
32	65.4	64.7	63.9	63.1	62.3	61.5	60.7	59.8	58.9	58.0	57.1	56.1	148
34	67.6	66.7	65.8	64.9	64.0	63.0	62.0	61.0	60.0	59.0	58.0	57.0	146
36	69.9	68.8	67.7	66.7	65.6	64.5	63.4	62.3	61.2	60.1	59.0	57.8	144
38	72.1	70.9	69.7	68.4	67.2	66.0	64.8	63.6	62.3	61.1	59.9	58.7	142
40	74.3	72.9	71.5	70.2	68.8	67.5	66.1	64.8	63.5	62.1	60.8	59.5	140
42	76.5	74.9	73.4	71.9	70.4	68.9	67.5	66.0	64.6	63.1	61.7	60.3	138
44	78.6	76.9	75.2	73.6	72.0	70.4	68.8	67.2	65.6	64.1	62.6	61.1	136
46	80.6	78.8	77.0	75.2	73.5	71.8	70.1	68.4	66.7	65.1	63.4	61.8	134
48	82.6	80.7	78.7	76.8	74.9	73.1	71.3	69.5	67.7	66.0	64.3	62.6	132
50	84.6	82.5	80.4	78.4	76.4	74.4	72.5	70.6	68.7	66.9	65.1	63.3	130
52	86.4	84.2	82.0	79.8	77.8	75.7	73.7	71.7	69.7	67.8	65.9	64.0	128
54	88.2	85.8	83.5	81.3	79.1	76.9	74.8	72.7	70.6	68.6	66.7	64.7	126
56	89.8	87.4	85.0	82.6	80.3	78.1	75.9	73.7	71.5	69.4	67.4	65.3	124
58	91.4	88.9	86.4	83.9	81.5	79.2	76.9	74.6	72.4	70.2	68.1	65.9	122
60	92.9	90.2	87.7	85.1	82.7	80.2	77.9	75.5	73.3	71.0	68.7	66.5	120
62	94.3	91.6	88.9	86.3	83.8	81.3	78.8	76.4	74.0	71.7	69.3	67.1	118
64	95.6	92.8	90.1	87.4	84.8	82.2	79.6	77.2	74.7	72.3	69.9	67.6	116
66	96.8	93.9	91.1	88.4	85.7	83.0	80.4	77.9	75.4	72.9	70.5	68.1	114
68	97.8	94.9	92.1	89.3	86.5	83.8	81.2	78.6	76.0	73.5	71.0	68.6	112
70	98.8	95.9	93.0	90.1	87.3	84.6	81.9	79.2	76.6	74.0	71.5	69.0	110
72	99.7	96.7	93.8	90.9	88.0	85.2	82.5	79.8	77.1	74.5	71.9	69.4	108
74	100.5	97.5	94.5	91.6	88.7	85.8	83.0	80.3	77.6	74.9	72.3	69.7	106
76	101.2	98.1	95.1	92.2	89.3	86.4	83.5	80.7	78.0	75.3	72.6	70.0	104
78	101.8	98.7	95.7	92.7	89.7	86.8	83.9	81.1	78.4	75.6	72.9	70.3	102
80	102.3	99.2	96.1	93.1	90.1	87.2	84.3	81.5	78.7	75.9	73.2	70.5	100
82	102.7	99.6	96.5	93.5	90.5	87.5	84.6	81.8	78.9	76.1	73.4	70.7	98
84	103.0	99.9	96.8	93.8	90.8	87.8	84.9	82.0	79.1	76.3	73.6	70.8	96
86	103.2	100.1	97.0	94.0	91.0	88.0	85.0	82.1	79.2	76.4	73.7	70.9	94
88	103.1	100.3	97.2	94.1	91.1	88.1	85.1	82.2	79.3	76.5	73.8	71.0	92
90	103.3	100.3	97.2	94.1	91.1	88.1	85.1	82.2	79.4	76.5	73.8	71.0	90
⊙−L	δ = ±46°	±48°	±50°	±52°	±54°	±56°	±58°	±60°	±62°	±64°	±66°	±68°	⊙−L

für i.

⊙−L	±68°	±70°	±72°	±74°	±76°	±78°	±80°	±82°	±84°	±86°	±88°	±90°	⊙−L
0°	42.8	43.3	43.6	43.9	44.1	44.4	44.6	44.7	44.8	44.9	45.0	45.0	180°
2	43.6	43.9	44.2	44.4	44.6	44.8	44.9	45.0	45.1	45.1	45.0	45.0	178
4	44.4	44.6	44.8	45.0	45.1	45.2	45.3	45.3	45.3	45.2	45.1	45.0	176
6	45.1	45.3	45.5	45.6	45.6	45.6	45.6	45.6	45.5	45.4	45.2	45.0	174
8	45.9	46.0	46.1	46.1	46.1	46.0	46.0	45.9	45.7	45.5	45.3	45.0	172
10	46.7	46.5	46.8	46.7	46.6	46.5	46.3	46.1	45.9	45.7	45.3	45.0	170
12	47.6	47.5	47.4	47.3	47.1	46.9	46.7	46.4	46.1	45.8	45.4	45.0	168
14	48.4	48.3	48.1	47.9	47.6	47.3	47.0	46.7	46.4	45.9	45.5	45.0	166
16	49.3	49.0	48.8	48.5	48.2	47.8	47.4	47.0	46.5	46.0	45.5	45.0	164
18	50.1	49.8	49.5	49.1	48.7	48.3	47.8	47.3	46.7	46.2	45.6	45.0	162
20	51.0	50.6	50.1	49.7	49.2	48.7	48.1	47.5	46.9	46.3	45.7	45.0	160
22	51.8	51.3	50.8	50.3	49.7	49.1	48.5	47.8	47.2	46.5	45.7	45.0	158
24	52.7	52.1	51.5	50.9	50.3	49.5	48.8	48.1	47.4	46.6	45.8	45.0	156
26	53.5	52.9	52.2	51.5	50.7	50.0	49.2	48.4	47.6	46.7	45.9	45.0	154
28	54.4	53.6	52.9	52.1	51.3	50.4	49.5	48.7	47.8	46.9	45.9	45.0	152
30	55.3	54.4	53.5	52.6	51.7	50.8	49.9	48.9	48.0	47.0	46.0	45.0	150
32	56.1	55.2	54.2	53.2	52.2	51.2	50.2	49.2	48.2	47.1	46.1	45.0	148
34	57.0	55.9	54.9	53.8	52.7	51.6	50.5	49.4	48.3	47.2	46.1	45.0	146
36	57.8	56.7	55.5	54.4	53.2	52.0	50.9	49.7	48.5	47.4	46.2	45.0	144
38	58.7	57.4	56.2	54.9	53.7	52.4	51.2	50.0	48.7	47.5	46.2	45.0	142
40	59.5	58.1	56.8	55.5	54.2	52.8	51.5	50.2	48.9	47.6	46.3	45.0	140
42	60.3	58.8	57.4	56.0	54.6	53.2	51.8	50.4	49.1	47.7	46.3	45.0	138
44	61.1	59.5	58.0	56.5	55.1	53.6	52.1	50.7	49.3	47.8	46.4	45.0	136
46	61.8	60.2	58.6	57.1	55.5	54.0	52.4	50.9	49.4	47.9	46.5	45.0	134
48	62.6	60.9	59.2	57.6	55.9	54.3	52.7	51.1	49.6	48.0	46.5	45.0	132
50	63.3	61.5	59.8	58.1	56.3	54.6	53.0	51.3	49.7	48.1	46.6	45.0	130
52	64.0	62.1	60.3	58.5	56.7	55.0	53.3	51.5	49.9	48.2	46.6	45.0	128
54	64.7	62.7	60.8	59.0	57.1	55.3	53.6	51.7	50.0	48.3	46.6	45.0	126
56	65.3	63.3	61.3	59.4	57.5	55.6	53.7	51.9	50.1	48.4	46.7	45.0	124
58	65.9	63.9	61.8	59.8	57.8	55.9	54.0	52.1	50.3	48.5	46.7	45.0	122
60	66.5	64.4	62.3	60.2	58.2	56.2	54.2	52.3	50.4	48.6	46.8	45.0	120
62	67.1	64.9	62.7	60.6	58.5	56.4	54.4	52.4	50.5	48.6	46.8	45.0	118
64	67.6	65.3	63.1	60.9	58.8	56.7	54.6	52.6	50.6	48.7	46.8	45.0	116
66	68.1	65.8	63.5	61.2	59.0	56.9	54.8	52.7	50.7	48.8	46.9	45.0	114
68	68.6	66.2	63.8	61.5	59.3	57.1	55.0	52.9	50.8	48.8	46.9	45.0	112
70	69.0	66.6	64.2	61.8	59.5	57.3	55.1	53.0	50.9	48.9	46.9	45.0	110
72	69.4	66.9	64.5	62.1	59.7	57.5	55.3	53.1	51.0	48.9	46.9	45.0	108
74	69.7	67.2	64.7	62.3	59.9	57.6	55.4	53.2	51.1	49.0	47.0	45.0	106
76	70.0	67.5	65.0	62.5	60.1	57.8	55.5	53.3	51.1	49.0	47.0	45.0	104
78	70.3	67.7	65.2	62.7	60.3	57.9	55.6	53.4	51.2	49.1	47.0	45.0	102
80	70.5	67.9	65.4	62.8	60.4	58.0	55.7	53.4	51.3	49.1	47.0	45.0	100
82	70.7	68.1	65.5	62.9	60.5	58.1	55.7	53.5	51.3	49.1	47.0	45.0	98
84	70.8	68.2	65.6	63.0	60.6	58.1	55.8	53.5	51.3	49.1	47.0	45.0	96
86	70.9	68.3	65.7	63.1	60.6	58.2	55.8	53.5	51.3	49.1	47.0	45.0	94
88	71.0	68.3	65.7	63.2	60.7	58.2	55.9	53.6	51.3	49.1	47.0	45.0	92
90	71.0	68.3	65.7	63.2	60.7	58.2	55.9	53.6	51.3	49.1	47.0	45.0	90
⊙−L	±68°	±70°	±72°	±74°	±76°	±78°	±80°	±82°	±84°	±86°	±88°	±90°	⊙−L

III. Tafel

⊙−L	h=0°	±2°	±4°	±6°	±8°	±10°	±12°	±14°	±16°	±18°	±20°	±22°	⊙−L
180°	0.0	2.0	4.0	6.0	7.9	9.8	11.7	13.6	15.4	17.2	18.9	20.5	360°
182	0.0	1.9	3.7	5.6	7.4	9.2	11.0	12.8	14.5	16.2	17.8	19.4	358
184	0.0	1.8	3.5	5.3	7.0	8.7	10.3	12.0	13.6	15.3	16.8	18.3	356
186	0.0	1.7	3.3	4.9	6.6	8.2	9.7	11.3	12.9	14.4	15.9	17.3	354
188	0.0	1.6	3.1	4.6	6.2	7.7	9.2	10.7	12.2	13.6	15.1	16.5	352
190	0.0	1.5	2.9	4.4	5.8	7.3	8.7	10.1	11.6	12.9	14.3	15.7	350
192	0.0	1.4	2.8	4.2	5.6	6.9	8.3	9.6	11.0	12.3	13.6	14.9	348
194	0.0	1.3	2.6	4.0	5.3	6.6	7.9	9.2	10.5	11.7	13.0	14.3	346
196	0.0	1.3	2.5	3.8	5.0	6.3	7.5	8.8	10.0	11.2	12.4	13.7	344
198	0.0	1.2	2.4	3.6	4.8	6.0	7.2	8.4	9.6	10.7	11.9	13.1	342
200	0.0	1.2	2.3	3.4	4.6	5.7	6.9	8.0	9.2	10.3	11.4	12.6	340
202	0.0	1.1	2.2	3.3	4.4	5.5	6.6	7.6	8.8	9.9	11.0	12.1	338
204	0.0	1.1	2.1	3.2	4.2	5.3	6.3	7.4	8.4	9.5	10.6	11.6	336
206	0.0	1.0	2.0	3.1	4.1	5.1	6.1	7.1	8.1	9.2	10.2	11.2	334
208	0.0	1.0	2.0	2.9	3.9	4.9	5.9	6.9	7.8	8.8	9.8	10.8	332
210	0.0	0.9	1.9	2.8	3.8	4.7	5.7	6.6	7.6	8.5	9.5	10.4	330
212	0.0	0.9	1.8	2.7	3.7	4.6	5.5	6.4	7.3	8.3	9.2	10.1	328
214	0.0	0.9	1.8	2.6	3.5	4.4	5.3	6.2	7.1	8.0	8.9	9.8	326
216	0.0	0.9	1.7	2.6	3.4	4.3	5.2	6.0	6.9	7.8	8.7	9.5	324
218	0.0	0.8	1.7	2.5	3.3	4.2	5.0	5.8	6.7	7.6	8.4	9.3	322
220	0.0	0.8	1.6	2.4	3.3	4.1	4.9	5.7	6.5	7.4	8.2	9.0	320
222	0.0	0.8	1.6	2.4	3.2	4.0	4.8	5.6	6.3	7.2	8.0	8.8	318
224	0.0	0.8	1.5	2.3	3.1	3.9	4.6	5.4	6.2	7.0	7.8	8.6	316
226	0.0	0.8	1.5	2.3	3.0	3.8	4.5	5.3	6.0	6.8	7.6	8.4	314
228	0.0	0.7	1.5	2.2	2.9	3.7	4.4	5.2	5.9	6.7	7.4	8.2	312
230	0.0	0.7	1.4	2.2	2.9	3.6	4.3	5.1	5.8	6.5	7.3	8.0	310
232	0.0	0.7	1.4	2.1	2.8	3.5	4.2	5.0	5.7	6.4	7.2	7.9	308
234	0.0	0.7	1.4	2.1	2.8	3.5	4.2	4.9	5.6	6.3	7.0	7.7	306
236	0.0	0.7	1.4	2.0	2.7	3.4	4.1	4.8	5.5	6.2	6.9	7.6	304
238	0.0	0.7	1.3	2.0	2.7	3.3	4.0	4.7	5.4	6.1	6.8	7.5	302
240	0.0	0.6	1.3	2.0	2.6	3.3	4.0	4.6	5.3	6.0	6.7	7.4	300
242	0.0	0.6	1.3	1.9	2.6	3.2	3.9	4.6	5.2	5.9	6.6	7.2	298
244	0.0	0.6	1.3	1.9	2.6	3.2	3.8	4.5	5.2	5.8	6.5	7.2	296
246	0.0	0.6	1.3	1.9	2.5	3.2	3.8	4.5	5.1	5.8	6.4	7.1	294
248	0.0	0.6	1.2	1.9	2.5	3.1	3.8	4.4	5.0	5.7	6.4	7.0	292
250	0.0	0.6	1.2	1.9	2.5	3.1	3.7	4.3	5.0	5.6	6.3	7.0	290
252	0.0	0.6	1.2	1.8	2.4	3.1	3.7	4.3	4.9	5.6	6.2	6.9	288
254	0.0	0.6	1.2	1.8	2.4	3.0	3.6	4.3	4.9	5.5	6.2	6.9	286
256	0.0	0.6	1.2	1.8	2.4	3.0	3.6	4.2	4.9	5.5	6.1	6.8	284
258	0.0	0.6	1.2	1.8	2.4	3.0	3.6	4.2	4.8	5.5	6.1	6.8	282
260	0.0	0.6	1.2	1.8	2.4	3.0	3.6	4.2	4.8	5.4	6.1	6.7	280
262	0.0	0.6	1.2	1.8	2.4	3.0	3.6	4.2	4.8	5.4	6.0	6.7	278
264	0.0	0.6	1.2	1.8	2.4	3.0	3.6	4.2	4.8	5.4	6.0	6.7	276
266	0.0	0.6	1.2	1.8	2.4	3.0	3.6	4.2	4.8	5.4	6.0	6.6	274
268	0.0	0.6	1.2	1.8	2.4	3.0	3.6	4.2	4.8	5.4	6.0	6.6	272
270	0.0	0.6	1.2	1.8	2.4	3.0	3.6	4.2	4.8	5.4	6.0	6.6	270
⊙−L	h=0°	±2°	±4°	±6°	±8°	±10°	±12°	±14°	±16°	±18°	±20°	±22°	⊙−L

für *i*.

⊙ − λ	±22°	±24°	±26°	±28°	±30°	±32°	±34°	±36°	±38°	±40°	±42°	±44°	±46°	⊙ − λ
180	20.5	22.1	23.7	25.1	26.6	27.9	29.3	30.4	31.6	32.7	33.8	34.8	35.7	360
182	19.4	20.9	22.4	23.8	25.2	26.6	27.9	29.1	30.3	31.4	32.5	33.5	34.4	358
184	18.3	19.8	21.3	22.7	24.0	25.3	26.6	27.8	29.0	30.1	31.3	32.2	33.2	356
186	17.3	18.8	20.2	21.6	22.9	24.2	25.4	26.6	27.8	28.9	30.0	31.1	32.1	354
188	16.5	17.9	19.2	20.5	21.8	23.1	24.3	25.5	26.7	27.8	28.9	30.0	31.0	352
190	15.7	17.0	18.5	19.6	20.9	22.1	23.3	24.5	25.7	26.8	27.9	28.9	30.0	350
192	14.9	16.2	17.5	18.7	20.0	21.2	22.4	23.5	24.7	25.8	26.9	27.9	29.0	348
194	14.2	15.5	16.7	17.9	19.1	20.3	21.5	22.6	23.8	24.9	25.9	27.0	28.1	346
196	13.7	14.8	16.0	17.2	18.4	19.5	20.7	21.8	22.9	24.0	25.1	26.1	27.2	344
198	13.1	14.2	15.4	16.5	17.7	18.8	19.9	21.0	22.1	23.2	24.3	25.3	26.4	342
200	12.6	13.7	14.8	15.9	17.0	18.1	19.2	20.3	21.4	22.4	23.5	24.5	25.6	340
202	12.1	13.2	14.2	15.3	16.4	17.5	18.5	19.6	20.7	21.7	22.8	23.8	24.8	338
204	11.6	12.7	13.7	14.8	15.8	16.9	17.9	19.0	20.0	21.0	22.1	23.1	24.1	336
206	11.2	12.2	13.2	14.3	15.3	16.3	17.3	18.4	19.4	20.4	21.5	22.5	23.5	334
208	10.8	11.8	12.8	13.8	14.8	15.8	16.8	17.8	18.8	19.8	20.9	21.9	22.9	332
210	10.4	11.4	12.4	13.4	14.4	15.4	16.3	17.3	18.3	19.3	20.3	21.3	22.3	330
212	10.1	11.1	12.0	13.0	13.9	14.9	15.8	16.8	17.8	18.8	19.8	20.8	21.8	328
214	9.8	10.7	11.6	12.6	13.5	14.5	15.4	16.4	17.3	18.3	19.3	20.3	21.3	326
216	9.5	10.4	11.3	12.2	13.2	14.1	15.0	15.9	16.9	17.8	18.8	19.8	20.8	324
218	9.3	10.1	11.0	11.9	12.8	13.7	14.6	15.5	16.5	17.4	18.4	19.3	20.3	322
220	9.0	9.9	10.7	11.6	12.5	13.4	14.3	15.2	16.1	17.0	18.0	18.9	19.9	320
222	8.8	9.6	10.5	11.3	12.2	13.1	13.9	14.8	15.7	16.6	17.6	18.5	19.5	318
224	8.6	9.4	10.2	11.1	11.9	12.8	13.6	14.5	15.4	16.3	17.2	18.2	19.1	316
226	8.4	9.2	10.0	10.8	11.7	12.5	13.3	14.2	15.1	16.0	16.9	17.8	18.8	314
228	8.2	9.0	9.8	10.6	11.4	12.2	13.1	13.9	14.8	15.7	16.6	17.5	18.4	312
230	8.0	8.8	9.6	10.4	11.2	12.0	12.8	13.7	14.5	15.4	16.3	17.2	18.1	310
232	7.9	8.7	9.4	10.2	11.0	11.8	12.6	13.4	14.3	15.1	16.0	16.9	17.8	308
234	7.7	8.5	9.2	10.0	10.8	11.6	12.4	13.2	14.0	14.9	15.8	16.7	17.6	306
236	7.6	8.3	9.1	9.9	10.6	11.4	12.2	13.0	13.8	14.7	15.5	16.4	17.3	304
238	7.5	8.2	8.9	9.7	10.4	11.2	12.0	12.8	13.6	14.5	15.3	16.2	17.1	302
240	7.4	8.1	8.8	9.6	10.3	11.1	11.8	12.6	13.4	14.3	15.1	16.0	16.9	300
242	7.3	8.0	8.7	9.4	10.2	10.9	11.7	12.5	13.3	14.1	14.9	15.8	16.7	298
244	7.2	7.9	8.6	9.3	10.0	10.8	11.5	12.3	13.1	13.9	14.8	15.6	16.5	296
246	7.1	7.8	8.5	9.2	9.9	10.7	11.4	12.2	13.0	13.8	14.6	15.5	16.4	294
248	7.0	7.7	8.4	9.1	9.8	10.6	11.3	12.1	12.9	13.6	14.5	15.3	16.2	292
250	7.0	7.6	8.3	9.0	9.7	10.5	11.2	12.0	12.7	13.5	14.3	15.2	16.0	290
252	6.9	7.6	8.3	8.9	9.6	10.4	11.1	11.9	12.6	13.4	14.2	15.1	15.9	288
254	6.9	7.5	8.2	8.9	9.6	10.3	11.0	11.8	12.5	13.3	14.1	15.0	15.8	286
256	6.8	7.5	8.1	8.8	9.5	10.2	11.0	11.7	12.5	13.2	14.0	14.9	15.7	284
258	6.8	7.4	8.1	8.8	9.5	10.2	10.9	11.6	12.4	13.2	14.0	14.8	15.6	282
260	6.7	7.4	8.0	8.7	9.4	10.1	10.8	11.6	12.3	13.1	13.9	14.7	15.6	280
262	6.7	7.3	8.0	8.7	9.4	10.1	10.8	11.5	12.3	13.1	13.9	14.7	15.5	278
264	6.7	7.3	8.0	8.6	9.3	10.0	10.7	11.5	12.2	13.0	13.8	14.6	15.5	276
266	6.6	7.3	8.0	8.6	9.3	10.0	10.7	11.5	12.2	13.0	13.8	14.6	15.4	274
268	6.6	7.3	7.9	8.6	9.3	10.0	10.7	11.4	12.2	13.0	13.8	14.6	15.4	272
270	6.6	7.3	7.9	8.6	9.3	10.0	10.7	11.4	12.2	13.0	13.8	14.6	15.4	270
⊙ − λ	±22°	±24°	±26°	±28°	±30°	±32°	±34°	±36°	±38°	±40°	±42°	±44°	±46°	⊙ − λ

III. Tafel

⊙ − L	δ = ±46°	±48°	±50°	±52°	±54°	±56°	±58°	±60°	±62°	±64°	±66°	±68°	⊙ − L
180°	[illegible]	[illegible]	[illegible]	[illegible]	[illegible]	[illegible]	[illegible]	[illegible]	[illegible]	[illegible]	[illegible]	[illegible]	360°
182	[illegible]	[illegible]	[illegible]	[illegible]	[illegible]	[illegible]	[illegible]	[illegible]	[illegible]	[illegible]	[illegible]	[illegible]	358
184	[illegible]	[illegible]	[illegible]	[illegible]	[illegible]	[illegible]	[illegible]	[illegible]	[illegible]	[illegible]	[illegible]	[illegible]	356
186	[illegible]	[illegible]	[illegible]	[illegible]	[illegible]	[illegible]	[illegible]	[illegible]	[illegible]	[illegible]	[illegible]	[illegible]	354
188	[illegible]	[illegible]	[illegible]	[illegible]	[illegible]	[illegible]	[illegible]	[illegible]	[illegible]	[illegible]	[illegible]	[illegible]	352
190	[illegible]	[illegible]	[illegible]	[illegible]	[illegible]	[illegible]	[illegible]	[illegible]	[illegible]	[illegible]	[illegible]	[illegible]	350
192	[illegible]	[illegible]	[illegible]	[illegible]	[illegible]	[illegible]	[illegible]	[illegible]	[illegible]	[illegible]	[illegible]	[illegible]	348
194	[illegible]	[illegible]	[illegible]	[illegible]	[illegible]	[illegible]	[illegible]	[illegible]	[illegible]	[illegible]	[illegible]	[illegible]	346
196	[illegible]	[illegible]	[illegible]	[illegible]	[illegible]	[illegible]	[illegible]	[illegible]	[illegible]	[illegible]	[illegible]	[illegible]	344
198	[illegible]	[illegible]	[illegible]	[illegible]	[illegible]	[illegible]	[illegible]	[illegible]	[illegible]	[illegible]	[illegible]	[illegible]	342
200	[illegible]	[illegible]	[illegible]	[illegible]	[illegible]	[illegible]	[illegible]	[illegible]	[illegible]	[illegible]	[illegible]	[illegible]	340
202	[illegible]	[illegible]	[illegible]	[illegible]	[illegible]	[illegible]	[illegible]	[illegible]	[illegible]	[illegible]	[illegible]	[illegible]	338
204	[illegible]	[illegible]	[illegible]	[illegible]	[illegible]	[illegible]	[illegible]	[illegible]	[illegible]	[illegible]	[illegible]	[illegible]	336
206	[illegible]	[illegible]	[illegible]	[illegible]	[illegible]	[illegible]	[illegible]	[illegible]	[illegible]	[illegible]	[illegible]	[illegible]	334
208	[illegible]	[illegible]	[illegible]	[illegible]	[illegible]	[illegible]	[illegible]	[illegible]	[illegible]	[illegible]	[illegible]	[illegible]	332
210	[illegible]	[illegible]	[illegible]	[illegible]	[illegible]	[illegible]	[illegible]	[illegible]	[illegible]	[illegible]	[illegible]	[illegible]	330
212	[illegible]	[illegible]	[illegible]	[illegible]	[illegible]	[illegible]	[illegible]	[illegible]	[illegible]	[illegible]	[illegible]	[illegible]	328
214	[illegible]	[illegible]	[illegible]	[illegible]	[illegible]	[illegible]	[illegible]	[illegible]	[illegible]	[illegible]	[illegible]	[illegible]	326
216	[illegible]	[illegible]	[illegible]	[illegible]	[illegible]	[illegible]	[illegible]	[illegible]	[illegible]	[illegible]	[illegible]	[illegible]	324
218	[illegible]	[illegible]	[illegible]	[illegible]	[illegible]	[illegible]	[illegible]	[illegible]	[illegible]	[illegible]	[illegible]	[illegible]	322
220	[illegible]	[illegible]	[illegible]	[illegible]	[illegible]	[illegible]	[illegible]	[illegible]	[illegible]	[illegible]	[illegible]	[illegible]	320
222	[illegible]	[illegible]	[illegible]	[illegible]	[illegible]	[illegible]	[illegible]	[illegible]	[illegible]	[illegible]	[illegible]	[illegible]	318
224	[illegible]	[illegible]	[illegible]	[illegible]	[illegible]	[illegible]	[illegible]	[illegible]	[illegible]	[illegible]	[illegible]	[illegible]	316
226	[illegible]	[illegible]	[illegible]	[illegible]	[illegible]	[illegible]	[illegible]	[illegible]	[illegible]	[illegible]	[illegible]	[illegible]	314
228	[illegible]	[illegible]	[illegible]	[illegible]	[illegible]	[illegible]	[illegible]	[illegible]	[illegible]	[illegible]	[illegible]	[illegible]	312
230	[illegible]	[illegible]	[illegible]	[illegible]	[illegible]	[illegible]	[illegible]	[illegible]	[illegible]	[illegible]	[illegible]	[illegible]	310
232	[illegible]	[illegible]	[illegible]	[illegible]	[illegible]	[illegible]	[illegible]	[illegible]	[illegible]	[illegible]	[illegible]	[illegible]	308
234	[illegible]	[illegible]	[illegible]	[illegible]	[illegible]	[illegible]	[illegible]	[illegible]	[illegible]	[illegible]	[illegible]	[illegible]	306
236	[illegible]	[illegible]	[illegible]	[illegible]	[illegible]	[illegible]	[illegible]	[illegible]	[illegible]	[illegible]	[illegible]	[illegible]	304
238	[illegible]	[illegible]	[illegible]	[illegible]	[illegible]	[illegible]	[illegible]	[illegible]	[illegible]	[illegible]	[illegible]	[illegible]	302
240	[illegible]	[illegible]	[illegible]	[illegible]	[illegible]	[illegible]	[illegible]	[illegible]	[illegible]	[illegible]	[illegible]	[illegible]	300
242	[illegible]	[illegible]	[illegible]	[illegible]	[illegible]	[illegible]	[illegible]	[illegible]	[illegible]	[illegible]	[illegible]	[illegible]	298
244	[illegible]	[illegible]	[illegible]	[illegible]	[illegible]	[illegible]	[illegible]	[illegible]	[illegible]	[illegible]	[illegible]	[illegible]	296
246	[illegible]	[illegible]	[illegible]	[illegible]	[illegible]	[illegible]	[illegible]	[illegible]	[illegible]	[illegible]	[illegible]	[illegible]	294
248	[illegible]	[illegible]	[illegible]	[illegible]	[illegible]	[illegible]	[illegible]	[illegible]	[illegible]	[illegible]	[illegible]	[illegible]	292
250	[illegible]	[illegible]	[illegible]	[illegible]	[illegible]	[illegible]	[illegible]	[illegible]	[illegible]	[illegible]	[illegible]	[illegible]	290
252	[illegible]	[illegible]	[illegible]	[illegible]	[illegible]	[illegible]	[illegible]	[illegible]	[illegible]	[illegible]	[illegible]	[illegible]	288
254	[illegible]	[illegible]	[illegible]	[illegible]	[illegible]	[illegible]	[illegible]	[illegible]	[illegible]	[illegible]	[illegible]	[illegible]	286
256	[illegible]	[illegible]	[illegible]	[illegible]	[illegible]	[illegible]	[illegible]	[illegible]	[illegible]	[illegible]	[illegible]	[illegible]	284
258	[illegible]	[illegible]	[illegible]	[illegible]	[illegible]	[illegible]	[illegible]	[illegible]	[illegible]	[illegible]	[illegible]	[illegible]	282
260	[illegible]	[illegible]	[illegible]	[illegible]	[illegible]	[illegible]	[illegible]	[illegible]	[illegible]	[illegible]	[illegible]	[illegible]	280
262	[illegible]	[illegible]	[illegible]	[illegible]	[illegible]	[illegible]	[illegible]	[illegible]	[illegible]	[illegible]	[illegible]	[illegible]	278
264	[illegible]	[illegible]	[illegible]	[illegible]	[illegible]	[illegible]	[illegible]	[illegible]	[illegible]	[illegible]	[illegible]	[illegible]	276
266	[illegible]	[illegible]	[illegible]	[illegible]	[illegible]	[illegible]	[illegible]	[illegible]	[illegible]	[illegible]	[illegible]	[illegible]	274
268	[illegible]	[illegible]	[illegible]	[illegible]	[illegible]	[illegible]	[illegible]	[illegible]	[illegible]	[illegible]	[illegible]	[illegible]	272
270	[illegible]	[illegible]	[illegible]	[illegible]	[illegible]	[illegible]	[illegible]	[illegible]	[illegible]	[illegible]	[illegible]	[illegible]	270
⊙ − L	δ = ±46°	±48°	±50°	±52°	±54°	±56°	±58°	±60°	±62°	±64°	±66°	±68°	⊙ − L

für λ

⊙ − λ	±68°	±70°	±72°	±74°	±76°	±78°	±80°	±82°	±84°	±86°	±88°	±90°	⊙ − λ
180°	[illegible]	[illegible]	[illegible]	[illegible]	[illegible]	[illegible]	[illegible]	[illegible]	[illegible]	[illegible]	[illegible]	[illegible]	360°
182	[illegible]	[illegible]	[illegible]	[illegible]	[illegible]	[illegible]	[illegible]	[illegible]	[illegible]	[illegible]	[illegible]	[illegible]	358
184	[illegible]	[illegible]	[illegible]	[illegible]	[illegible]	[illegible]	[illegible]	[illegible]	[illegible]	[illegible]	[illegible]	[illegible]	356
186	[illegible]	[illegible]	[illegible]	[illegible]	[illegible]	[illegible]	[illegible]	[illegible]	[illegible]	[illegible]	[illegible]	[illegible]	354
188	[illegible]	[illegible]	[illegible]	[illegible]	[illegible]	[illegible]	[illegible]	[illegible]	[illegible]	[illegible]	[illegible]	[illegible]	352
190	[illegible]	[illegible]	[illegible]	[illegible]	[illegible]	[illegible]	[illegible]	[illegible]	[illegible]	[illegible]	[illegible]	[illegible]	350
192	[illegible]	[illegible]	[illegible]	[illegible]	[illegible]	[illegible]	[illegible]	[illegible]	[illegible]	[illegible]	[illegible]	[illegible]	348
194	[illegible]	[illegible]	[illegible]	[illegible]	[illegible]	[illegible]	[illegible]	[illegible]	[illegible]	[illegible]	[illegible]	[illegible]	346
196	[illegible]	[illegible]	[illegible]	[illegible]	[illegible]	[illegible]	[illegible]	[illegible]	[illegible]	[illegible]	[illegible]	[illegible]	344
198	[illegible]	[illegible]	[illegible]	[illegible]	[illegible]	[illegible]	[illegible]	[illegible]	[illegible]	[illegible]	[illegible]	[illegible]	342
200	[illegible]	[illegible]	[illegible]	[illegible]	[illegible]	[illegible]	[illegible]	[illegible]	[illegible]	[illegible]	[illegible]	[illegible]	340
202	[illegible]	[illegible]	[illegible]	[illegible]	[illegible]	[illegible]	[illegible]	[illegible]	[illegible]	[illegible]	[illegible]	[illegible]	338
204	[illegible]	[illegible]	[illegible]	[illegible]	[illegible]	[illegible]	[illegible]	[illegible]	[illegible]	[illegible]	[illegible]	[illegible]	336
206	[illegible]	[illegible]	[illegible]	[illegible]	[illegible]	[illegible]	[illegible]	[illegible]	[illegible]	[illegible]	[illegible]	[illegible]	334
208	[illegible]	[illegible]	[illegible]	[illegible]	[illegible]	[illegible]	[illegible]	[illegible]	[illegible]	[illegible]	[illegible]	[illegible]	332
210	[illegible]	[illegible]	[illegible]	[illegible]	[illegible]	[illegible]	[illegible]	[illegible]	[illegible]	[illegible]	[illegible]	[illegible]	330
212	[illegible]	[illegible]	[illegible]	[illegible]	[illegible]	[illegible]	[illegible]	[illegible]	[illegible]	[illegible]	[illegible]	[illegible]	328
214	[illegible]	[illegible]	[illegible]	[illegible]	[illegible]	[illegible]	[illegible]	[illegible]	[illegible]	[illegible]	[illegible]	[illegible]	326
216	[illegible]	[illegible]	[illegible]	[illegible]	[illegible]	[illegible]	[illegible]	[illegible]	[illegible]	[illegible]	[illegible]	[illegible]	324
218	[illegible]	[illegible]	[illegible]	[illegible]	[illegible]	[illegible]	[illegible]	[illegible]	[illegible]	[illegible]	[illegible]	[illegible]	322
220	[illegible]	[illegible]	[illegible]	[illegible]	[illegible]	[illegible]	[illegible]	[illegible]	[illegible]	[illegible]	[illegible]	[illegible]	320
222	[illegible]	[illegible]	[illegible]	[illegible]	[illegible]	[illegible]	[illegible]	[illegible]	[illegible]	[illegible]	[illegible]	[illegible]	318
224	[illegible]	[illegible]	[illegible]	[illegible]	[illegible]	[illegible]	[illegible]	[illegible]	[illegible]	[illegible]	[illegible]	[illegible]	316
226	[illegible]	[illegible]	[illegible]	[illegible]	[illegible]	[illegible]	[illegible]	[illegible]	[illegible]	[illegible]	[illegible]	[illegible]	314
228	[illegible]	[illegible]	[illegible]	[illegible]	[illegible]	[illegible]	[illegible]	[illegible]	[illegible]	[illegible]	[illegible]	[illegible]	312
230	[illegible]	[illegible]	[illegible]	[illegible]	[illegible]	[illegible]	[illegible]	[illegible]	[illegible]	[illegible]	[illegible]	[illegible]	310
232	[illegible]	[illegible]	[illegible]	[illegible]	[illegible]	[illegible]	[illegible]	[illegible]	[illegible]	[illegible]	[illegible]	[illegible]	308
234	[illegible]	[illegible]	[illegible]	[illegible]	[illegible]	[illegible]	[illegible]	[illegible]	[illegible]	[illegible]	[illegible]	[illegible]	306
236	[illegible]	[illegible]	[illegible]	[illegible]	[illegible]	[illegible]	[illegible]	[illegible]	[illegible]	[illegible]	[illegible]	[illegible]	304
238	[illegible]	[illegible]	[illegible]	[illegible]	[illegible]	[illegible]	[illegible]	[illegible]	[illegible]	[illegible]	[illegible]	[illegible]	302
240	[illegible]	[illegible]	[illegible]	[illegible]	[illegible]	[illegible]	[illegible]	[illegible]	[illegible]	[illegible]	[illegible]	[illegible]	300
242	[illegible]	[illegible]	[illegible]	[illegible]	[illegible]	[illegible]	[illegible]	[illegible]	[illegible]	[illegible]	[illegible]	[illegible]	298
244	[illegible]	[illegible]	[illegible]	[illegible]	[illegible]	[illegible]	[illegible]	[illegible]	[illegible]	[illegible]	[illegible]	[illegible]	296
246	[illegible]	[illegible]	[illegible]	[illegible]	[illegible]	[illegible]	[illegible]	[illegible]	[illegible]	[illegible]	[illegible]	[illegible]	294
248	[illegible]	[illegible]	[illegible]	[illegible]	[illegible]	[illegible]	[illegible]	[illegible]	[illegible]	[illegible]	[illegible]	[illegible]	292
250	[illegible]	[illegible]	[illegible]	[illegible]	[illegible]	[illegible]	[illegible]	[illegible]	[illegible]	[illegible]	[illegible]	[illegible]	290
252	[illegible]	[illegible]	[illegible]	[illegible]	[illegible]	[illegible]	[illegible]	[illegible]	[illegible]	[illegible]	[illegible]	[illegible]	288
254	[illegible]	[illegible]	[illegible]	[illegible]	[illegible]	[illegible]	[illegible]	[illegible]	[illegible]	[illegible]	[illegible]	[illegible]	286
256	[illegible]	[illegible]	[illegible]	[illegible]	[illegible]	[illegible]	[illegible]	[illegible]	[illegible]	[illegible]	[illegible]	[illegible]	284
258	[illegible]	[illegible]	[illegible]	[illegible]	[illegible]	[illegible]	[illegible]	[illegible]	[illegible]	[illegible]	[illegible]	[illegible]	282
260	[illegible]	[illegible]	[illegible]	[illegible]	[illegible]	[illegible]	[illegible]	[illegible]	[illegible]	[illegible]	[illegible]	[illegible]	280
262	[illegible]	[illegible]	[illegible]	[illegible]	[illegible]	[illegible]	[illegible]	[illegible]	[illegible]	[illegible]	[illegible]	[illegible]	278
264	[illegible]	[illegible]	[illegible]	[illegible]	[illegible]	[illegible]	[illegible]	[illegible]	[illegible]	[illegible]	[illegible]	[illegible]	276
266	[illegible]	[illegible]	[illegible]	[illegible]	[illegible]	[illegible]	[illegible]	[illegible]	[illegible]	[illegible]	[illegible]	[illegible]	274
268	[illegible]	[illegible]	[illegible]	[illegible]	[illegible]	[illegible]	[illegible]	[illegible]	[illegible]	[illegible]	[illegible]	[illegible]	272
270	[illegible]	[illegible]	[illegible]	[illegible]	[illegible]	[illegible]	[illegible]	[illegible]	[illegible]	[illegible]	[illegible]	[illegible]	270

⊙ − λ ±68° ±70° ±72° ±74° ±76° ±78° ±80° ±82° ±84° ±86° ±88° ±90° ⊙ − λ

IV. Tafel

⊙ − L	n = 0°	± 2°	± 4°	± 6°	± 8°	± 10°	± 12°	± 14°	± 16°	± 18°	± 20°	± 22°	⊙ − L
0°	90.0	90.1	90.2	90.6	91.1	91.7	92.5	93.4	94.4	95.5	96.7	98.0	180°
2	85.9	86.0	86.3	86.8	87.3	87.9	88.7	89.7	90.8	92.0	93.3	94.8	178
4	81.7	81.8	82.1	82.5	83.1	83.9	84.8	85.9	87.1	88.4	89.9	91.5	176
6	77.6	77.5	77.8	78.2	78.9	79.8	80.8	82.0	83.3	84.8	86.4	88.2	174
8	72.9	73.0	73.3	73.8	74.6	75.6	76.7	78.0	79.4	81.1	82.9	84.8	172
10	68.3	68.4	68.8	69.4	70.2	71.3	72.5	73.9	75.5	77.4	79.4	81.6	170
12	63.5	63.7	64.1	64.8	65.7	66.8	68.2	69.8	71.6	73.6	75.8	78.1	168
14	58.6	58.8	59.3	60.1	61.1	62.4	63.9	65.7	67.7	69.9	72.3	74.8	166
16	53.6	53.8	54.3	55.2	56.4	57.9	59.6	61.6	63.8	66.2	68.8	71.5	164
18	48.5	48.7	49.3	50.3	51.7	53.3	55.2	57.4	59.9	62.5	65.4	68.3	162
20	43.3	43.5	44.2	45.4	46.9	48.7	50.9	53.4	56.1	59.0	62.1	65.3	160
22	37.9	38.2	39.0	40.4	42.1	44.2	46.7	49.5	52.5	55.7	59.1	62.5	158
24	32.5	32.8	33.8	35.4	37.4	39.9	42.7	45.8	49.1	52.6	56.3	60.0	156
26	26.9	27.3	28.5	30.4	32.8	35.7	38.9	42.4	46.0	49.9	53.8	57.7	154
28	21.2	21.8	23.3	25.6	28.5	31.8	35.5	39.3	43.4	47.5	51.7	55.9	152
30	15.5	16.3	18.2	21.2	24.7	28.5	32.6	36.9	41.3	45.8	50.1	54.5	150
32	9.7	10.8	13.7	17.4	21.6	26.0	30.5	35.1	39.7	44.3	48.8	53.6	148
34	3.8	6.2	10.5	15.1	19.8	24.6	29.4	34.2	39.0	43.7	48.5	53.3	146
36	2.2	5.4	10.1	14.9	19.7	24.6	29.4	34.3	39.1	43.9	48.7	53.5	144
38	8.3	9.6	12.9	16.9	21.4	26.0	30.6	35.4	40.1	44.8	49.6	54.4	142
40	14.1	15.2	17.5	20.7	24.5	28.6	32.9	37.4	41.9	46.5	51.1	55.8	140
42	20.6	21.2	22.9	25.4	28.6	32.2	36.1	40.2	44.5	48.9	53.3	57.8	138
44	26.9	27.3	28.6	30.7	33.4	36.5	40.0	43.8	47.8	51.9	56.0	60.3	136
46	33.2	33.6	34.6	36.3	38.6	41.4	44.5	47.9	51.6	55.4	59.3	63.3	134
48	39.5	39.8	40.7	42.2	44.2	46.6	49.4	52.5	55.8	59.3	63.0	66.8	132
50	45.9	46.2	47.0	48.3	50.0	52.1	54.6	57.4	60.4	63.6	67.0	70.6	130
52	52.4	52.6	53.3	54.4	55.9	57.8	60.0	62.5	65.3	68.2	71.4	74.7	128
54	58.9	59.1	59.7	60.7	62.0	63.7	65.7	67.9	70.4	73.2	76.1	79.1	126
56	65.4	65.6	66.1	67.0	68.2	69.7	71.5	73.5	75.8	78.3	81.0	83.8	124
58	72.0	72.2	72.6	73.4	74.5	75.8	77.4	79.2	81.3	83.6	86.1	88.7	122
60	78.6	78.8	79.2	79.9	80.8	82.0	83.5	85.1	87.0	89.1	91.4	93.8	120
62	85.3	85.4	85.7	86.4	87.2	88.3	89.6	91.1	92.8	94.7	96.8	99.0	118
64	91.9	92.0	92.3	92.9	93.7	94.7	95.9	97.2	98.7	100.4	102.3	104.3	116
66	98.6	98.7	99.0	99.5	100.2	101.1	102.1	103.3	104.7	106.3	108.0	109.7	114
68	105.3	105.4	105.7	106.1	106.7	107.5	108.4	109.5	110.8	112.2	113.7	115.3	112
70	112.0	112.1	112.3	112.7	113.3	114.0	114.8	115.8	116.9	118.2	119.5	121.0	110
72	118.8	118.8	119.0	119.4	119.9	120.5	121.2	122.1	123.1	124.2	125.4	126.7	108
74	125.5	125.6	125.7	126.0	126.5	127.0	127.7	128.5	129.4	130.3	131.3	132.5	106
76	132.3	132.4	132.5	132.7	133.1	133.6	134.2	134.9	135.6	136.4	137.3	138.3	104
78	139.1	139.1	139.2	139.4	139.8	140.2	140.7	141.2	141.9	142.6	143.3	144.2	102
80	145.9	145.9	146.0	146.2	146.5	146.8	147.2	147.7	148.2	148.8	149.4	150.1	100
82	152.7	152.7	152.8	152.9	153.2	153.4	153.7	154.1	154.5	155.0	155.5	156.0	98
84	159.5	159.5	159.6	159.7	159.9	160.1	160.3	160.6	160.9	161.2	161.6	162.0	96
86	166.3	166.3	166.4	166.4	166.6	166.7	166.8	167.0	167.2	167.4	167.7	168.0	94
88	173.2	173.2	173.2	173.2	173.3	173.3	173.4	173.5	173.6	173.7	173.9	174.0	92
90	180.0	180.0	180.0	180.0	180.0	180.0	180.0	180.0	180.0	180.0	180.0	180.0	90
⊙ − L	n = 0°	± 2°	± 4°	± 6°	± 8°	± 10°	± 12°	± 14°	± 16°	± 18°	± 20°	± 22°	⊙ − L

Liegt ⊙ − L zwischen 90° und 180°, so ist der Tafelwerth mit

für $\pi - \odot$.

⊙−ε	±22°	±24°	±26°	±28°	±30°	±32°	±34°	±36°	±38°	±40°	±42°	±44°	±46°	⊙−ε
0°	96.0°	99.5°	101.1°	102.7°	104.5°	106.0°	108.2°	110.2°	112.3°	114.4°	116.6°	118.9°	121.2°	180°
2	94.8	96.4	98.0	99.9	101.8	103.7	105.8	107.9	110.2	112.4	114.8	117.2	119.6	178
4	91.5	93.2	95.0	97.0	99.1	101.2	103.4	105.7	108.1	110.5	113.0	115.5	118.1	176
6	88.2	90.1	92.0	94.1	96.4	98.7	101.0	103.3	106.0	108.6	111.3	113.9	116.6	174
8	84.8	86.9	89.0	91.3	93.7	96.2	98.7	101.3	104.0	106.7	109.5	112.4	115.2	172
10	81.4	83.7	86.0	88.5	91.1	93.7	96.4	99.2	102.1	104.9	107.9	110.9	113.0	170
12	78.1	80.5	83.0	85.7	88.5	91.3	94.2	97.2	100.2	103.3	106.3	109.5	112.6	168
14	74.8	77.4	80.1	83.0	86.0	89.0	92.1	95.3	98.4	101.6	104.9	108.2	111.4	166
16	71.5	74.4	77.3	80.4	83.6	86.8	90.1	93.4	96.7	100.1	103.5	106.9	110.3	164
18	68.3	71.5	74.6	77.9	81.3	84.7	88.2	91.7	95.2	98.7	102.3	105.8	109.3	162
20	65.3	68.7	72.1	75.8	79.2	82.8	86.4	90.1	93.8	97.5	101.1	104.8	108.5	160
22	62.5	66.1	69.8	73.5	77.3	81.1	84.9	88.7	92.6	96.4	100.2	104.0	107.8	158
24	60.0	63.8	67.7	71.6	75.6	79.6	83.6	87.5	91.5	95.5	99.4	103.4	107.3	156
26	57.7	61.8	65.9	70.1	74.2	78.4	82.5	86.6	90.7	94.8	98.8	102.9	106.9	154
28	55.9	60.2	64.5	68.8	73.1	77.4	81.7	85.9	90.1	94.3	98.1	102.5	106.6	152
30	54.5	59.0	63.4	67.8	72.3	76.7	81.1	85.4	89.7	94.0	98.3	102.1	106.6	150
32	53.6	58.2	62.8	67.3	71.9	76.4	80.8	85.2	89.6	94.0	98.3	102.5	106.7	148
34	53.3	57.9	62.6	67.2	71.9	76.4	80.9	85.3	89.8	94.2	98.5	102.8	107.0	146
36	53.5	58.2	62.9	67.6	72.3	76.8	81.3	85.8	90.2	94.6	99.0	103.3	107.5	144
38	54.1	59.0	63.7	68.4	73.0	77.5	82.0	86.6	91.0	95.4	99.7	104.0	108.2	142
40	55.5	60.4	65.0	69.6	74.1	78.6	83.1	87.6	92.0	96.4	100.7	104.9	109.1	140
42	57.8	62.3	66.7	71.2	75.7	80.1	84.5	89.0	93.3	97.6	101.9	106.0	110.2	138
44	59.8	64.6	68.9	73.3	77.6	82.0	86.3	90.6	94.9	99.1	103.3	107.4	111.5	136
46	63.3	67.4	71.5	75.7	79.9	84.2	88.4	92.6	96.8	100.9	105.0	109.0	113.0	134
48	66.8	70.6	74.6	78.6	82.6	86.7	90.7	94.8	98.9	102.9	106.9	110.8	114.7	132
50	70.6	74.2	78.0	81.8	85.6	89.5	93.4	97.3	101.3	105.1	109.0	112.8	116.6	130
52	74.7	78.1	81.7	85.3	89.0	92.6	96.3	100.1	103.9	107.6	111.3	115.0	118.6	128
54	79.1	82.3	85.7	89.0	92.5	96.0	99.5	103.1	106.7	110.3	113.9	117.4	120.9	126
56	83.8	86.8	89.9	93.0	96.3	99.6	102.9	106.3	109.7	113.1	116.5	119.9	123.3	124
58	88.7	91.4	94.4	97.2	100.3	103.4	106.5	109.7	112.9	116.2	119.4	122.6	125.8	122
60	93.8	96.3	99.0	101.7	104.5	107.4	110.3	113.3	116.3	119.4	122.4	125.5	128.5	120
62	99.0	101.3	103.8	106.3	109.0	111.6	114.3	117.1	119.9	122.8	125.6	128.5	131.3	118
64	104.3	106.4	108.7	111.0	113.4	115.9	118.4	121.0	123.6	126.3	128.9	131.6	134.3	116
66	109.7	111.7	113.7	115.8	118.0	120.3	122.6	125.0	127.4	129.9	132.4	134.9	137.4	114
68	115.3	117.1	118.9	120.8	122.8	124.9	127.0	129.2	131.4	133.7	136.0	138.3	140.6	112
70	121.0	122.6	124.2	125.9	127.7	129.6	131.5	133.5	135.5	137.6	139.7	141.8	143.9	110
72	126.7	128.1	129.6	131.1	132.7	134.4	136.1	137.9	139.7	141.6	143.4	145.3	147.2	108
74	132.5	133.7	135.0	136.4	137.8	139.3	140.8	142.4	144.0	145.7	147.3	149.0	150.7	106
76	138.3	139.3	140.5	141.7	142.9	144.2	145.5	146.9	148.3	149.8	151.2	152.7	154.2	104
78	144.2	145.0	146.0	147.1	148.1	149.2	150.3	151.5	152.7	154.0	155.2	156.5	157.8	102
80	150.1	150.8	151.6	152.5	153.1	154.3	155.2	156.2	157.2	158.2	159.2	160.3	161.4	100
82	156.0	156.6	157.2	157.9	158.6	159.4	160.1	160.9	161.7	162.5	163.3	164.2	165.0	98
84	162.0	162.4	162.9	163.4	163.9	164.5	165.1	165.7	166.3	166.9	167.5	168.1	168.7	96
86	168.0	168.2	168.6	169.0	169.2	169.6	170.0	170.4	170.8	171.2	171.6	172.0	172.4	94
88	174.0	174.1	174.3	174.5	174.6	174.8	175.0	175.2	175.4	175.6	175.8	176.0	176.2	92
90	180.0	180.0	180.0	180.0	180.0	180.0	180.0	180.0	180.0	180.0	180.0	180.0	180.0	90
⊙−ε	±22°	±24°	±26°	±28°	±30°	±32°	±34°	±36°	±38°	±40°	±42°	±44°	±46°	⊙−ε

dem Minuszeichen zu versehen oder von 360° abzuziehen.

IV. Tafel

⊙ − L	[illegible]	[illegible]	[illegible]	[illegible]	[illegible]	[illegible]	[illegible]	[illegible]	[illegible]	[illegible]	[illegible]	[illegible]	⊙ − L
0°	[illegible]	[illegible]	[illegible]	[illegible]	[illegible]	[illegible]	[illegible]	[illegible]	[illegible]	[illegible]	[illegible]	[illegible]	180
2	[illegible]	[illegible]	[illegible]	[illegible]	[illegible]	[illegible]	[illegible]	[illegible]	[illegible]	[illegible]	[illegible]	[illegible]	178
4	[illegible]	[illegible]	[illegible]	[illegible]	[illegible]	[illegible]	[illegible]	[illegible]	[illegible]	[illegible]	[illegible]	[illegible]	176
6	[illegible]	[illegible]	[illegible]	[illegible]	[illegible]	[illegible]	[illegible]	[illegible]	[illegible]	[illegible]	[illegible]	[illegible]	174
8	[illegible]	[illegible]	[illegible]	[illegible]	[illegible]	[illegible]	[illegible]	[illegible]	[illegible]	[illegible]	[illegible]	[illegible]	172
10	[illegible]	[illegible]	[illegible]	[illegible]	[illegible]	[illegible]	[illegible]	[illegible]	[illegible]	[illegible]	[illegible]	[illegible]	170
12	[illegible]	[illegible]	[illegible]	[illegible]	[illegible]	[illegible]	[illegible]	[illegible]	[illegible]	[illegible]	[illegible]	[illegible]	168
14	[illegible]	[illegible]	[illegible]	[illegible]	[illegible]	[illegible]	[illegible]	[illegible]	[illegible]	[illegible]	[illegible]	[illegible]	166
16	[illegible]	[illegible]	[illegible]	[illegible]	[illegible]	[illegible]	[illegible]	[illegible]	[illegible]	[illegible]	[illegible]	[illegible]	164
18	[illegible]	[illegible]	[illegible]	[illegible]	[illegible]	[illegible]	[illegible]	[illegible]	[illegible]	[illegible]	[illegible]	[illegible]	162
20	[illegible]	[illegible]	[illegible]	[illegible]	[illegible]	[illegible]	[illegible]	[illegible]	[illegible]	[illegible]	[illegible]	[illegible]	160
22	[illegible]	[illegible]	[illegible]	[illegible]	[illegible]	[illegible]	[illegible]	[illegible]	[illegible]	[illegible]	[illegible]	[illegible]	158
24	[illegible]	[illegible]	[illegible]	[illegible]	[illegible]	[illegible]	[illegible]	[illegible]	[illegible]	[illegible]	[illegible]	[illegible]	156
26	[illegible]	[illegible]	[illegible]	[illegible]	[illegible]	[illegible]	[illegible]	[illegible]	[illegible]	[illegible]	[illegible]	[illegible]	154
28	[illegible]	[illegible]	[illegible]	[illegible]	[illegible]	[illegible]	[illegible]	[illegible]	[illegible]	[illegible]	[illegible]	[illegible]	152
30	[illegible]	[illegible]	[illegible]	[illegible]	[illegible]	[illegible]	[illegible]	[illegible]	[illegible]	[illegible]	[illegible]	[illegible]	150
32	[illegible]	[illegible]	[illegible]	[illegible]	[illegible]	[illegible]	[illegible]	[illegible]	[illegible]	[illegible]	[illegible]	[illegible]	148
34	[illegible]	[illegible]	[illegible]	[illegible]	[illegible]	[illegible]	[illegible]	[illegible]	[illegible]	[illegible]	[illegible]	[illegible]	146
36	[illegible]	[illegible]	[illegible]	[illegible]	[illegible]	[illegible]	[illegible]	[illegible]	[illegible]	[illegible]	[illegible]	[illegible]	144
38	[illegible]	[illegible]	[illegible]	[illegible]	[illegible]	[illegible]	[illegible]	[illegible]	[illegible]	[illegible]	[illegible]	[illegible]	142
40	[illegible]	[illegible]	[illegible]	[illegible]	[illegible]	[illegible]	[illegible]	[illegible]	[illegible]	[illegible]	[illegible]	[illegible]	140
42	[illegible]	[illegible]	[illegible]	[illegible]	[illegible]	[illegible]	[illegible]	[illegible]	[illegible]	[illegible]	[illegible]	[illegible]	138
44	[illegible]	[illegible]	[illegible]	[illegible]	[illegible]	[illegible]	[illegible]	[illegible]	[illegible]	[illegible]	[illegible]	[illegible]	136
46	[illegible]	[illegible]	[illegible]	[illegible]	[illegible]	[illegible]	[illegible]	[illegible]	[illegible]	[illegible]	[illegible]	[illegible]	134
48	[illegible]	[illegible]	[illegible]	[illegible]	[illegible]	[illegible]	[illegible]	[illegible]	[illegible]	[illegible]	[illegible]	[illegible]	132
50	[illegible]	[illegible]	[illegible]	[illegible]	[illegible]	[illegible]	[illegible]	[illegible]	[illegible]	[illegible]	[illegible]	[illegible]	130
52	[illegible]	[illegible]	[illegible]	[illegible]	[illegible]	[illegible]	[illegible]	[illegible]	[illegible]	[illegible]	[illegible]	[illegible]	128
54	[illegible]	[illegible]	[illegible]	[illegible]	[illegible]	[illegible]	[illegible]	[illegible]	[illegible]	[illegible]	[illegible]	[illegible]	126
56	[illegible]	[illegible]	[illegible]	[illegible]	[illegible]	[illegible]	[illegible]	[illegible]	[illegible]	[illegible]	[illegible]	[illegible]	124
58	[illegible]	[illegible]	[illegible]	[illegible]	[illegible]	[illegible]	[illegible]	[illegible]	[illegible]	[illegible]	[illegible]	[illegible]	122
60	[illegible]	[illegible]	[illegible]	[illegible]	[illegible]	[illegible]	[illegible]	[illegible]	[illegible]	[illegible]	[illegible]	[illegible]	120
62	[illegible]	[illegible]	[illegible]	[illegible]	[illegible]	[illegible]	[illegible]	[illegible]	[illegible]	[illegible]	[illegible]	[illegible]	118
64	[illegible]	[illegible]	[illegible]	[illegible]	[illegible]	[illegible]	[illegible]	[illegible]	[illegible]	[illegible]	[illegible]	[illegible]	116
66	[illegible]	[illegible]	[illegible]	[illegible]	[illegible]	[illegible]	[illegible]	[illegible]	[illegible]	[illegible]	[illegible]	[illegible]	114
68	[illegible]	[illegible]	[illegible]	[illegible]	[illegible]	[illegible]	[illegible]	[illegible]	[illegible]	[illegible]	[illegible]	[illegible]	112
70	[illegible]	[illegible]	[illegible]	[illegible]	[illegible]	[illegible]	[illegible]	[illegible]	[illegible]	[illegible]	[illegible]	[illegible]	110
72	[illegible]	[illegible]	[illegible]	[illegible]	[illegible]	[illegible]	[illegible]	[illegible]	[illegible]	[illegible]	[illegible]	[illegible]	108
74	[illegible]	[illegible]	[illegible]	[illegible]	[illegible]	[illegible]	[illegible]	[illegible]	[illegible]	[illegible]	[illegible]	[illegible]	106
76	[illegible]	[illegible]	[illegible]	[illegible]	[illegible]	[illegible]	[illegible]	[illegible]	[illegible]	[illegible]	[illegible]	[illegible]	104
78	[illegible]	[illegible]	[illegible]	[illegible]	[illegible]	[illegible]	[illegible]	[illegible]	[illegible]	[illegible]	[illegible]	[illegible]	102
80	[illegible]	[illegible]	[illegible]	[illegible]	[illegible]	[illegible]	[illegible]	[illegible]	[illegible]	[illegible]	[illegible]	[illegible]	100
82	[illegible]	[illegible]	[illegible]	[illegible]	[illegible]	[illegible]	[illegible]	[illegible]	[illegible]	[illegible]	[illegible]	[illegible]	98
84	[illegible]	[illegible]	[illegible]	[illegible]	[illegible]	[illegible]	[illegible]	[illegible]	[illegible]	[illegible]	[illegible]	[illegible]	96
86	[illegible]	[illegible]	[illegible]	[illegible]	[illegible]	[illegible]	[illegible]	[illegible]	[illegible]	[illegible]	[illegible]	[illegible]	94
88	[illegible]	[illegible]	[illegible]	[illegible]	[illegible]	[illegible]	[illegible]	[illegible]	[illegible]	[illegible]	[illegible]	[illegible]	92
90	180.0	180.0	180.0	180.0	180.0	180.0	180.0	180.0	180.0	180.0	180.0	180.0	90
⊙ − L	[illegible]	[illegible]	[illegible]	[illegible]	[illegible]	[illegible]	[illegible]	[illegible]	[illegible]	[illegible]	[illegible]	[illegible]	⊙ − L

Liegt ⊙ − L zwischen 90° und 180°, so ist der Tafelwerth mit

für π − ⊙.

⊙ − ℓ	±68°	±70°	±72°	±74°	±76°	±78°	±80°	±82°	±84°	±86°	±88°	±90°	⊙ − ℓ
0°	149.3	152.0	154.8	157.5	160.3	163.1	165.9	168.7	171.5	174.3	177.2	180.0	180°
2	148.9	151.7	154.5	157.3	160.1	163.0	165.8	168.6	171.5	174.3	177.2	180.0	178
4	148.5	151.4	154.3	157.1	160.0	162.9	165.8	168.6	171.5	174.3	177.2	180.0	176
6	148.2	151.1	154.1	157.0	159.9	162.8	165.7	168.6	171.5	174.3	177.2	180.0	174
8	147.9	150.9	153.9	156.9	159.8	162.8	165.7	168.6	171.5	174.3	177.2	180.0	172
10	147.7	150.7	153.8	156.8	159.7	162.7	165.7	168.6	171.5	174.3	177.2	180.0	170
12	147.5	150.6	153.7	156.7	159.7	162.7	165.7	168.6	171.5	174.4	177.3	180.0	168
14	147.3	150.5	153.6	156.7	159.7	162.7	165.7	168.6	171.5	174.4	177.3	180.0	166
16	147.2	150.4	153.6	156.7	159.8	162.8	165.8	168.7	171.6	174.5	177.3	180.0	164
18	147.1	150.4	153.6	156.7	159.8	162.8	165.8	168.7	171.6	174.5	177.3	180.0	162
20	147.1	150.4	153.6	156.8	159.9	162.9	165.9	168.8	171.7	174.5	177.3	180.0	160
22	147.2	150.5	153.7	156.9	160.0	163.0	166.0	168.9	171.8	174.6	177.3	180.0	158
24	147.3	150.6	153.8	157.0	160.1	163.2	166.2	169.1	171.9	174.7	177.4	180.0	156
26	147.4	150.7	154.0	157.2	160.3	163.3	166.3	169.2	172.0	174.7	177.4	180.0	154
28	147.6	150.9	154.2	157.4	160.5	163.5	166.5	169.3	172.1	174.8	177.5	180.0	152
30	147.8	151.2	154.5	157.6	160.7	163.7	166.7	169.5	172.2	174.9	177.5	180.0	150
32	148.2	151.5	154.8	157.9	161.0	164.0	166.9	169.7	172.4	175.0	177.6	180.0	148
34	148.6	151.9	155.1	158.3	161.3	164.2	167.1	169.9	172.5	175.1	177.6	180.0	146
36	149.1	152.3	155.5	158.6	161.6	164.5	167.4	170.1	172.7	175.2	177.7	180.0	144
38	149.6	152.8	156.0	159.0	162.0	164.8	167.6	170.3	172.9	175.3	177.7	180.0	142
40	150.1	153.3	156.5	159.5	162.4	165.2	167.9	170.5	173.1	175.5	177.8	180.0	140
42	150.8	153.9	157.0	160.0	162.8	165.6	168.2	170.7	173.2	175.6	177.8	180.0	138
44	151.5	154.6	157.6	160.5	163.3	166.0	168.6	171.0	173.4	175.7	177.9	180.0	136
46	152.2	155.2	158.2	161.0	163.8	166.4	168.9	171.3	173.6	175.8	178.0	180.0	134
48	153.0	155.9	158.8	161.6	164.3	166.9	169.3	171.6	173.9	176.0	178.1	180.0	132
50	153.9	156.7	159.5	162.2	164.8	167.3	169.7	171.9	174.1	176.1	178.1	180.0	130
52	154.8	157.6	160.3	162.9	165.4	167.8	170.1	172.3	174.3	176.3	178.2	180.0	128
54	155.8	158.5	161.1	163.6	166.0	168.3	170.5	172.6	174.5	176.4	178.3	180.0	126
56	156.8	159.4	161.9	164.3	166.6	168.8	170.9	172.9	174.8	176.6	178.3	180.0	124
58	157.9	160.5	162.7	165.0	167.3	169.3	171.3	173.2	175.1	176.8	178.4	180.0	122
60	159.0	161.5	163.6	165.8	167.9	169.9	171.8	173.6	175.4	177.0	178.5	180.0	120
62	160.2	162.4	164.5	166.6	168.6	170.5	172.3	174.0	175.6	177.1	178.6	180.0	118
64	161.4	163.5	165.5	167.4	169.3	171.1	172.8	174.4	175.9	177.3	178.7	180.0	116
66	162.7	164.6	166.5	168.3	170.0	171.7	173.3	174.8	176.2	177.5	178.8	180.0	114
68	164.0	165.8	167.5	169.2	170.8	172.3	173.8	175.2	176.5	177.7	178.9	180.0	112
70	165.3	167.0	168.6	170.1	171.6	173.0	174.3	175.6	176.8	177.9	179.0	180.0	110
72	166.7	168.2	169.6	171.0	172.4	173.7	174.9	176.0	177.1	178.1	179.1	180.0	108
74	168.1	169.4	170.7	172.0	173.2	174.3	175.4	176.4	177.4	178.3	179.2	180.0	106
76	169.5	170.7	171.9	173.0	174.0	175.0	176.0	176.9	177.7	178.5	179.3	180.0	104
78	170.9	172.0	173.0	173.9	174.8	175.7	176.5	177.3	178.0	178.7	179.4	180.0	102
80	172.3	173.3	174.1	174.9	175.7	176.4	177.1	177.8	178.4	179.0	179.5	180.0	100
82	173.8	174.6	175.3	176.0	176.5	177.1	177.7	178.2	178.7	179.2	179.6	180.0	98
84	175.1	175.8	176.5	177.0	177.4	177.9	178.3	178.7	179.0	179.4	179.7	180.0	96
86	176.6	177.3	177.8	178.0	178.2	178.6	178.8	179.1	179.3	179.6	179.8	180.0	94
88	178.3	178.7	178.9	179.0	179.1	179.3	179.4	179.6	179.7	179.8	179.9	180.0	92
90	180.0	180.0	180.0	180.0	180.0	180.0	180.0	180.0	180.0	180.0	180.0	180.0	90
⊙ − ℓ	±68°	±70°	±72°	±74°	±76°	±78°	±80°	±82°	±84°	±86°	±88°	±90°	⊙ − ℓ

dem Minuszeichen zu versehen oder von 360° abzuziehen.

IV. Tafel

⊙ − L	n = 0°	± 2°	± 4°	± 6°	± 8°	± 10°	± 12°	± 14°	± 16°	± 18°	± 20°	± 22°	⊙ − L
180°	270.0	269.9	269.7	269.4	268.9	268.3	267.5	266.6	265.6	264.5	263.3	262.0	360°
182	266.1	266.0	265.8	265.5	265.1	264.5	263.8	263.0	262.1	261.1	260.0	258.8	358
184	262.3	262.2	262.1	261.8	261.4	260.9	260.3	259.6	258.7	257.8	256.8	255.6	356
186	258.6	258.5	258.4	258.1	257.8	257.4	256.9	256.2	255.4	254.6	253.7	252.7	354
188	255.1	255.0	254.9	254.7	254.4	254.0	253.5	252.9	252.3	251.4	250.6	249.6	352
190	251.7	251.6	251.5	251.3	251.1	250.7	250.3	249.7	249.1	248.4	247.6	246.7	350
192	248.5	248.4	248.3	248.1	247.9	247.5	247.1	246.6	246.1	245.4	244.7	243.9	348
194	245.4	245.3	245.2	245.0	244.8	244.5	244.1	243.7	243.2	242.6	242.0	241.3	346
196	242.4	242.3	242.2	242.1	241.9	241.6	241.2	240.8	240.4	239.9	239.3	238.6	344
198	239.5	239.4	239.3	239.2	239.0	238.7	238.4	238.1	237.7	237.2	236.7	236.1	342
200	236.7	236.7	236.6	236.5	236.3	236.1	235.8	235.5	235.1	234.7	234.2	233.6	340
202	234.0	234.0	233.9	233.8	233.7	233.5	233.3	233.0	232.6	232.3	231.8	231.3	338
204	231.5	231.5	231.4	231.3	231.2	231.0	230.8	230.5	230.2	229.8	229.4	228.9	336
206	229.1	229.1	229.0	228.9	228.8	228.6	228.4	228.2	227.9	227.6	227.2	226.8	334
208	226.7	226.7	226.7	226.6	226.5	226.3	226.1	225.9	225.6	225.3	225.0	224.6	332
210	224.5	224.5	224.5	224.4	224.3	224.1	223.9	223.7	223.5	223.2	222.9	222.6	330
212	222.3	222.3	222.3	222.2	222.1	222.0	221.8	221.6	221.4	221.1	220.8	220.5	328
214	220.2	220.2	220.2	220.1	220.0	219.9	219.8	219.6	219.4	219.2	218.9	218.6	326
216	218.2	218.2	218.2	218.1	218.0	217.9	217.8	217.6	217.4	217.2	217.0	216.7	324
218	216.3	216.3	216.3	216.2	216.1	216.0	215.9	215.8	215.6	215.4	215.2	214.9	322
220	214.4	214.4	214.4	214.3	214.2	214.1	214.0	213.9	213.8	213.6	213.4	213.2	320
222	212.6	212.6	212.6	212.5	212.4	212.4	212.3	212.2	212.0	211.9	211.7	211.5	318
224	210.9	210.9	210.8	210.8	210.7	210.7	210.6	210.5	210.3	210.2	210.0	209.8	316
226	209.2	209.2	209.1	209.1	209.0	209.0	208.9	208.8	208.7	208.6	208.4	208.3	314
228	207.5	207.5	207.5	207.5	207.4	207.4	207.3	207.2	207.1	207.0	206.8	206.7	312
230	205.9	205.9	205.9	205.9	205.8	205.8	205.7	205.6	205.5	205.4	205.3	205.2	310
232	204.4	204.4	204.4	204.4	204.3	204.3	204.2	204.1	204.0	203.9	203.8	203.7	308
234	202.9	202.9	202.9	202.9	202.8	202.8	202.7	202.6	202.5	202.4	202.3	202.2	306
236	201.4	201.4	201.4	201.4	201.3	201.3	201.2	201.2	201.1	201.0	200.9	200.8	304
238	200.0	200.0	200.0	200.0	199.9	199.9	199.8	199.8	199.7	199.6	199.5	199.4	302
240	198.6	198.6	198.6	198.6	198.5	198.5	198.4	198.4	198.3	198.3	198.2	198.1	300
242	197.2	197.2	197.2	197.2	197.1	197.1	197.1	197.1	197.0	196.9	196.8	196.8	298
244	195.9	195.9	195.9	195.9	195.8	195.8	195.8	195.8	195.7	195.6	195.5	195.5	296
246	194.6	194.6	194.6	194.6	194.5	194.5	194.5	194.5	194.4	194.3	194.2	194.2	294
248	193.3	193.3	193.3	193.3	193.2	193.2	193.2	193.2	193.1	193.1	193.0	193.0	292
250	192.0	192.0	192.0	192.0	191.9	191.9	191.9	191.9	191.8	191.8	191.7	191.7	290
252	190.8	190.8	190.8	190.8	190.7	190.7	190.7	190.7	190.6	190.6	190.5	190.5	288
254	189.5	189.5	189.5	189.5	189.5	189.5	189.4	189.4	189.4	189.4	189.3	189.3	286
256	188.3	188.3	188.3	188.3	188.3	188.3	188.2	188.2	188.2	188.2	188.1	188.1	284
258	187.1	187.1	187.1	187.1	187.1	187.1	187.0	187.0	187.0	187.0	186.9	186.9	282
260	185.9	185.9	185.9	185.9	185.9	185.9	185.9	185.9	185.8	185.8	185.8	185.8	280
262	184.7	184.7	184.7	184.7	184.7	184.7	184.7	184.7	184.6	184.6	184.6	184.6	278
264	183.5	183.5	183.5	183.5	183.5	183.5	183.5	183.5	183.5	183.5	183.5	183.5	276
266	182.3	182.3	182.3	182.3	182.3	182.3	182.3	182.3	182.3	182.3	182.3	182.3	274
268	181.2	181.2	181.2	181.2	181.2	181.2	181.2	181.2	181.2	181.2	181.2	181.2	272
270	180.0	180.0	180.0	180.0	180.0	180.0	180.0	180.0	180.0	180.0	180.0	180.0	270
⊙ − L	n = 0°	± 2°	± 4°	± 6°	± 8°	± 10°	± 12°	± 14°	± 16°	± 18°	± 20°	± 22°	⊙ − L

Liegt ⊙ − L zwischen 270° und 360°, so ist der Tafelwerth mit

für π — ⊙.

⊙ − L	± 22°	± 24°	± 26°	± 28°	± 30°	± 32°	± 34°	± 36°	± 38°	± 40°	± 42°	± 44°	± 46°	⊙ − L
180°	262.0	260.5	258.9	257.4	255.5	253.7	251.8	249.8	247.7	245.6	243.4	241.1	[illegible]	360°
182	260.8	257.4	256.0	254.5	252.8	251.1	249.3	247.5	245.6	243.6	241.5	239.4	237.2	358
184	255.6	254.4	253.1	251.7	250.2	248.6	247.0	245.3	243.5	241.6	239.7	237.7	235.8	356
186	252.7	251.5	250.3	249.0	247.6	246.1	244.6	243.0	241.3	239.6	237.8	235.9	234.0	354
188	249.6	248.6	247.5	246.3	245.0	243.7	242.3	240.8	239.3	237.7	236.0	234.2	232.1	352
190	246.7	245.8	244.8	243.7	242.5	241.3	240.0	238.6	237.2	235.7	234.1	232.5	230.8	350
192	243.9	243.1	242.2	241.2	240.1	239.0	237.8	236.5	235.2	233.8	232.3	230.8	229.2	348
194	241.3	240.5	239.6	238.7	237.7	236.7	235.6	234.4	233.2	231.9	230.5	229.0	227.5	346
196	238.6	237.9	237.1	236.3	235.4	234.4	233.4	232.3	231.2	230.0	228.7	227.3	225.9	344
198	236.1	235.4	234.7	234.0	233.1	232.2	231.3	230.3	229.2	228.1	226.9	225.6	224.3	342
200	233.6	233.0	232.4	231.7	230.9	230.1	229.2	228.3	227.3	226.3	225.2	224.0	222.8	340
202	231.3	230.7	230.1	229.5	228.8	228.0	227.2	226.3	225.4	224.5	223.5	222.4	221.2	338
204	228.9	228.4	227.9	227.3	226.7	226.0	225.3	224.4	223.6	222.7	221.8	220.8	219.7	336
206	226.8	226.3	225.8	225.3	224.6	224.0	223.3	222.6	221.8	221.0	220.1	219.2	218.2	334
208	224.6	224.2	223.7	223.2	222.7	222.1	221.5	220.8	220.1	219.3	218.5	217.6	216.7	332
210	222.6	222.2	221.8	221.3	220.8	220.3	219.6	219.0	218.3	217.6	216.9	216.1	215.2	330
212	220.5	220.2	219.8	219.4	218.9	218.4	217.9	217.3	216.7	216.0	215.3	214.6	213.8	328
214	218.6	218.3	218.0	217.6	217.1	216.6	216.1	215.6	215.0	214.4	213.8	213.1	212.3	326
216	216.7	216.4	216.1	215.8	215.4	214.9	214.5	214.0	213.5	212.9	212.3	211.7	211.0	324
218	214.9	214.6	214.3	214.0	213.7	213.3	212.9	212.4	211.9	211.4	210.9	210.3	209.6	322
220	213.2	212.9	212.6	212.3	212.0	211.7	211.3	210.9	210.4	210.0	209.4	208.9	208.3	320
222	211.5	211.2	211.0	210.7	210.4	210.1	209.8	209.4	209.0	208.5	208.0	207.5	206.9	318
224	209.8	209.6	209.4	209.1	208.8	208.5	208.2	207.9	207.5	207.1	206.6	206.1	205.6	316
226	208.2	208.0	207.8	207.6	207.3	207.0	206.7	206.4	206.1	205.7	205.3	204.8	204.3	314
228	206.7	206.5	206.3	206.1	205.9	205.6	205.3	205.0	204.7	204.3	203.9	203.5	203.1	312
230	205.2	205.0	204.8	204.6	204.4	204.2	203.9	203.6	203.3	203.0	202.6	202.2	201.8	310
232	203.7	203.5	203.4	203.2	203.0	202.8	202.6	202.3	202.0	201.7	201.4	201.0	200.6	308
234	202.3	202.1	202.0	201.8	201.6	201.4	201.2	200.9	200.7	200.4	200.1	199.8	199.4	306
236	200.8	200.7	200.6	200.4	200.3	200.1	199.9	199.6	199.4	199.2	198.9	198.6	198.3	304
238	199.4	199.3	199.2	199.0	198.9	198.8	198.6	198.3	198.1	197.9	197.7	197.4	197.1	302
240	198.1	198.0	197.9	197.7	197.6	197.5	197.3	197.1	197.0	196.7	196.5	196.2	196.0	300
242	196.8	196.7	196.6	196.4	196.3	196.2	196.1	195.9	195.7	195.5	195.3	195.1	194.9	298
244	195.5	195.4	195.3	195.2	195.1	195.0	194.9	194.7	194.5	194.3	194.2	194.0	193.8	296
246	194.2	194.1	194.0	193.9	193.8	193.7	193.6	193.5	193.3	193.1	193.0	192.8	192.6	294
248	193.0	192.9	192.8	192.7	192.6	192.5	192.4	192.3	192.2	192.0	191.9	191.7	191.5	292
250	191.7	191.6	191.6	191.5	191.4	191.3	191.2	191.1	191.0	190.9	190.8	190.6	190.4	290
252	190.5	190.4	190.4	190.3	190.3	190.2	190.1	190.0	189.9	189.8	189.7	189.5	189.4	288
254	189.3	189.2	189.2	189.1	189.1	189.0	188.9	188.8	188.8	188.7	188.6	188.4	188.3	286
256	188.1	188.1	188.1	188.0	188.0	187.9	187.8	187.7	187.7	187.6	187.5	187.4	187.3	284
258	186.9	186.9	186.9	186.8	186.8	186.7	186.7	186.6	186.6	186.5	186.4	186.3	186.2	282
260	185.8	185.7	185.7	185.7	185.7	185.6	185.6	185.5	185.5	185.4	185.3	185.2	185.2	280
262	184.6	184.5	184.5	184.5	184.5	184.4	184.4	184.4	184.4	184.3	184.2	184.1	184.1	278
264	183.5	183.4	183.4	183.4	183.4	183.3	183.3	183.3	183.3	183.2	183.2	183.1	183.1	276
266	182.3	182.3	182.3	182.3	182.2	182.2	182.2	182.2	182.2	182.1	182.1	182.0	182.0	274
268	181.2	181.1	181.1	181.1	181.1	181.1	181.1	181.1	181.1	181.1	181.1	181.0	181.0	272
270	180.0	180.0	180.0	180.0	180.0	180.0	180.0	180.0	180.0	180.0	180.0	180.0	180.0	270
⊙ − L	± 22°	± 24°	± 26°	± 28°	± 30°	± 32°	± 34°	± 36°	± 38°	± 40°	± 42°	± 44°	± 46°	⊙ − L

dem Minuszeichen zu versehen oder von 360° abzuziehen.

IV. Tafel

⊙ − L	θ = ±46°	±48°	±50°	±52°	±54°	±56°	±58°	±60°	±62°	±64°	±66°	±68°	⊙ − L
180°	239.8	236.5	234.1	231.6	229.1	226.0	224.0	221.4	219.8	218.1	215.4	210.7	360°
182	237.3	236.0	232.7	230.1	228.0	225.6	223.1	220.6	218.1	215.5	212.9	210.3	358
184	235.6	233.5	231.4	229.2	226.9	224.6	222.2	219.8	217.1	214.9	212.1	209.8	356
186	234.0	232.1	230.0	227.9	225.8	223.8	221.5	219.0	216.7	214.3	211.8	209.3	354
188	232.1	230.6	228.6	226.6	224.6	222.5	220.8	218.1	215.9	213.4	211.2	208.8	352
190	230.8	229.1	227.3	225.3	223.4	221.4	219.3	217.2	215.1	212.9	210.6	208.3	350
192	229.2	227.5	225.8	224.0	222.2	220.3	218.3	216.3	214.2	212.1	209.9	207.7	348
194	227.5	226.0	224.1	222.7	221.0	219.3	217.3	215.4	213.4	211.1	209.3	207.2	346
196	225.9	224.5	223.0	221.4	219.8	218.1	216.3	214.5	212.6	210.6	208.6	206.6	344
198	224.3	223.0	221.6	220.1	218.6	217.0	215.3	213.5	211.7	209.8	207.9	206.0	342
200	222.8	221.5	220.2	218.8	217.3	215.8	214.2	212.5	210.8	209.1	207.2	205.3	340
202	221.2	220.0	218.8	217.5	216.1	214.7	213.2	211.6	209.9	208.3	206.5	204.7	338
204	219.7	218.6	217.4	216.2	214.9	213.5	212.1	210.6	209.0	207.1	205.7	204.0	336
206	218.2	217.1	216.0	214.9	213.6	212.3	211.0	209.6	208.1	206.6	205.0	203.3	334
208	216.7	215.7	214.7	213.6	212.4	211.2	209.9	208.6	207.2	205.8	204.3	202.6	332
210	215.2	214.3	213.3	212.3	211.2	210.1	208.9	207.7	206.3	204.9	203.5	202.0	330
212	213.8	212.9	212.0	211.1	210.1	209.0	207.9	206.7	205.4	204.1	202.7	201.3	328
214	212.3	211.5	210.7	209.8	208.9	207.9	206.8	205.7	204.5	203.2	201.9	200.6	326
216	211.0	210.2	209.4	208.6	207.7	206.8	205.8	204.7	203.6	202.4	201.1	199.8	324
218	209.6	208.9	208.1	207.4	206.5	205.7	204.8	203.8	202.7	201.5	200.4	199.1	322
220	208.3	207.6	206.9	206.2	205.4	204.6	203.7	202.8	201.8	200.7	199.6	198.4	320
222	206.9	206.3	205.7	205.0	204.3	203.5	202.7	201.8	200.9	199.9	198.8	197.7	318
224	205.6	205.1	204.5	203.9	203.2	202.5	201.7	200.8	199.9	199.0	198.0	196.9	316
226	204.3	203.8	203.3	202.7	202.1	201.4	200.6	199.8	199.0	198.1	197.2	196.2	314
228	203.1	202.6	202.1	201.6	201.0	200.3	199.6	198.9	198.1	197.3	196.4	195.5	312
230	201.8	201.4	200.9	200.4	199.9	199.3	198.6	197.9	197.2	196.4	195.6	194.8	310
232	200.6	200.2	199.8	199.3	198.8	198.3	197.7	197.0	196.3	195.6	194.8	194.0	308
234	199.4	199.0	198.6	198.2	197.7	197.2	196.7	196.1	195.5	194.8	194.1	193.3	306
236	198.2	197.9	197.5	197.1	196.7	196.2	195.7	195.2	194.6	194.0	193.4	192.5	304
238	197.1	196.8	196.4	196.0	195.6	195.2	194.7	194.2	193.7	193.1	192.5	191.8	302
240	196.0	195.7	195.4	195.0	194.6	194.2	193.8	193.3	192.8	192.3	191.7	191.0	300
242	194.9	194.6	194.3	193.9	193.6	193.2	192.8	192.4	191.9	191.4	190.9	190.3	298
244	193.8	193.5	193.2	192.9	192.6	192.3	191.9	191.5	191.1	190.6	190.1	189.6	296
246	192.6	192.4	192.2	191.9	191.6	191.3	191.0	190.6	190.2	189.8	189.4	188.9	294
248	191.5	191.3	191.2	190.9	190.6	190.3	190.0	189.7	189.4	189.0	188.6	188.1	292
250	190.4	190.2	190.0	189.8	189.6	189.3	189.1	188.8	188.5	188.1	187.8	187.1	290
252	189.4	189.2	189.0	188.8	188.6	188.4	188.2	187.9	187.6	187.3	187.0	186.6	288
254	188.3	188.1	188.0	187.8	187.6	187.4	187.2	187.0	186.8	186.5	186.2	185.9	286
256	187.2	187.1	187.0	186.9	186.7	186.5	186.3	186.1	185.9	185.7	185.4	185.1	284
258	186.2	186.1	186.0	185.9	185.8	185.6	185.4	185.2	185.1	184.9	184.7	184.4	282
260	185.2	185.1	185.0	184.9	184.8	184.7	184.5	184.4	184.3	184.1	183.9	183.7	280
262	184.1	184.0	184.0	183.9	183.8	183.7	183.6	183.5	183.4	183.2	183.1	183.0	278
264	183.1	183.0	183.0	182.9	182.9	182.8	182.7	182.6	182.5	182.4	182.3	182.2	276
266	182.0	182.0	182.0	181.9	181.9	181.8	181.8	181.7	181.7	181.6	181.6	181.5	274
268	181.0	181.0	181.0	181.0	181.0	180.9	180.9	180.9	180.9	180.8	180.8	180.7	272
270	180.0	180.0	180.0	180.0	180.0	180.0	180.0	180.0	180.0	180.0	180.0	180.0	270
⊙ − L	θ = ±46°	±48°	±50°	±52°	±54°	±56°	±58°	±60°	±62°	±64°	±66°	±68°	⊙ − L

Liegt ⊙ − L zwischen 270° und 360°, so ist der Tafelwerth mit

für $\pi - \odot$.

$\odot - \iota$	±60°	±70°	±72°	±74°	±76°	±78°	±80°	±82°	±84°	±86°	±88°	±90°	$\odot - \iota$
180°	210.7	206.0	203.2	201.5	198.7	196.0	194.1	191.3	188.5	185.7	182.8	180.0	360°
182	210.3	207.6	204.9	202.2	199.5	196.8	194.0	191.3	188.5	185.7	182.8	180.0	358
184	209.8	207.2	204.6	202.0	199.3	196.6	193.9	191.2	188.4	185.6	182.8	180.0	356
186	209.2	206.8	204.3	201.7	199.1	196.5	193.8	191.1	188.4	185.6	182.8	180.0	354
188	208.6	206.1	203.9	201.4	198.9	196.3	193.6	191.0	188.3	185.6	182.8	180.0	352
190	208.3	205.9	203.5	201.1	198.6	196.1	193.5	190.9	188.2	185.5	182.8	180.0	350
192	206.7	205.4	203.1	200.7	198.3	195.8	193.3	190.7	188.1	185.4	182.7	180.0	348
194	206.2	204.9	202.7	200.4	198.0	195.6	193.1	190.6	188.0	185.4	182.7	180.0	346
196	205.6	204.4	202.3	200.0	197.7	195.3	192.9	190.1	187.9	185.3	182.7	180.0	344
198	205.0	203.9	201.8	199.6	197.4	195.1	192.7	190.3	187.8	185.3	182.7	180.0	342
200	204.3	203.3	201.3	199.2	197.0	194.8	192.5	190.1	187.7	185.2	182.6	180.0	340
202	203.7	202.6	200.8	198.8	196.7	194.5	192.3	189.9	187.6	185.1	182.6	180.0	338
204	203.0	202.2	200.3	198.3	196.3	194.2	192.0	189.7	187.4	185.0	182.5	180.0	336
206	202.3	201.6	199.8	197.9	195.9	193.9	191.8	189.5	187.3	184.9	182.5	180.0	334
208	201.6	201.0	199.2	197.4	195.5	193.5	191.5	189.3	187.1	184.8	182.5	180.0	332
210	200.8	200.4	198.7	196.9	195.1	193.2	191.2	189.1	187.0	184.8	182.5	180.0	330
212	200.3	199.7	198.1	196.4	194.7	192.8	190.9	188.9	186.9	184.7	182.4	180.0	328
214	199.6	199.1	197.6	195.9	194.3	192.5	190.6	188.7	186.6	184.5	182.3	180.0	326
216	198.8	198.4	197.0	195.4	193.8	192.1	190.3	188.4	186.4	184.3	182.2	180.0	324
218	198.1	197.8	196.4	194.9	193.4	191.7	190.0	188.2	186.2	184.2	182.2	180.0	322
220	197.4	197.1	195.8	194.4	192.9	191.3	189.7	187.9	186.1	184.1	182.1	180.0	320
222	196.7	196.5	195.2	193.9	192.5	190.9	189.4	187.7	185.9	184.0	182.1	180.0	318
224	195.9	195.8	194.6	193.3	192.0	190.5	189.0	187.4	185.7	183.9	182.0	180.0	316
226	195.2	195.2	194.0	192.8	191.5	190.1	188.7	187.1	185.5	183.7	181.9	180.0	314
228	194.5	194.5	193.4	192.3	191.0	189.7	188.3	186.8	185.2	183.5	181.8	180.0	312
230	193.8	193.8	192.8	191.7	190.5	189.3	188.0	186.5	185.0	183.4	181.8	180.0	310
232	193.0	193.1	192.1	191.1	190.0	188.8	187.6	186.2	184.8	183.3	181.7	180.0	308
234	192.3	192.4	191.5	190.5	189.5	188.4	187.2	185.9	184.6	183.1	181.6	180.0	306
236	191.5	191.7	190.9	190.0	189.0	187.9	186.8	185.6	184.3	182.9	181.5	180.0	304
238	190.8	191.0	190.3	189.4	188.5	187.5	186.5	185.3	184.1	182.8	181.5	180.0	302
240	190.0	190.3	189.6	188.8	188.0	187.1	186.1	185.0	183.9	182.7	181.4	180.0	300
242	189.3	189.7	189.0	188.3	187.5	186.6	185.7	184.7	183.7	182.5	181.3	180.0	298
244	188.6	189.0	188.4	187.7	186.9	186.1	185.3	184.4	183.4	182.3	181.2	180.0	296
246	187.9	188.4	187.8	187.1	186.4	185.7	184.9	184.1	183.2	182.2	181.1	180.0	294
248	187.1	187.6	187.1	186.5	185.9	185.2	184.5	183.7	182.9	182.0	181.0	180.0	292
250	186.4	186.9	186.5	186.0	185.4	184.8	184.1	183.4	182.7	181.8	180.9	180.0	290
252	185.6	186.2	185.8	185.3	184.8	184.3	183.7	183.1	182.4	181.6	180.8	180.0	288
254	184.9	185.6	185.2	184.8	184.3	183.8	183.3	182.8	182.2	181.5	180.8	180.0	286
256	184.1	184.8	184.5	184.2	183.8	183.4	182.9	182.4	181.9	181.3	180.7	180.0	284
258	183.4	184.1	183.9	183.6	183.3	182.9	182.5	182.1	181.6	181.1	180.6	180.0	282
260	182.7	183.5	183.2	183.0	182.7	182.4	182.1	181.7	181.3	180.9	180.5	180.0	280
262	182.0	182.4	182.6	182.1	182.2	182.0	181.7	181.4	181.1	180.8	180.4	180.0	278
264	181.3	182.1	181.9	181.8	181.6	181.1	181.3	181.0	180.8	180.6	180.3	180.0	276
266	181.5	181.4	181.3	181.2	181.1	181.0	180.8	180.7	180.6	180.4	180.2	180.0	274
268	180.7	180.7	180.6	180.6	180.5	180.5	180.4	180.4	180.3	180.2	180.1	180.0	272
270	180.0	180.0	180.0	180.0	180.0	180.0	180.0	180.0	180.0	180.0	180.0	180.0	270
$\odot - \iota$	±60°	±70°	±72°	±74°	±76°	±78°	±80°	±82°	±84°	±86°	±88°	±90°	$\odot - \iota$

dem Minuszeichen zu versehen oder von 360° abzuziehen.

V. Tafel für φ und $\lg\varphi$.

$\nu-\odot$	φ	$\lg\varphi$	$\nu-\odot$
0°	0.000	−∞	360°
1	000	5.882	359
2	000	6.484	358
3	001	836	357
4	001	7.086	356
5	002	279	355
6	003	437	354
7	004	571	353
8	005	687	352
9	006	789	351
10	008	881	350
11	009	963	349
12	011	8.038	348
13	013	106	347
14	015	172	346
15	017	231	345
16	019	287	344
17	022	339	343
18	024	389	342
19	027	435	341
20	030	479	340
21	033	521	339
22	036	561	338
23	040	599	337
24	043	636	336
25	047	671	335
26	051	704	334
27	054	736	333
28	059	767	332
29	063	796	331
30	067	825	330
31	071	851	329
32	076	881	328
33	081	907	327
34	085	932	326
35	090	956	325
36	095	980	324
37	100	9.003	323
38	106	025	322
39	111	047	321
40	117	068	320
41	123	089	319
42	129	109	318
43	134	128	317
44	140	147	316
45	0.146	9.166	315
$\nu-\odot$	φ	$\lg\varphi$	$\nu-\odot$

$\nu-\odot$	φ	$\lg\varphi$	$\nu-\odot$
45°	0.146	9.166	315°
46	153	184	314
47	159	201	313
48	165	219	312
49	172	236	311
50	179	252	310
51	185	268	309
52	192	284	308
53	199	299	307
54	206	314	306
55	213	329	305
56	220	343	304
57	228	357	303
58	235	371	302
59	242	385	301
60	250	398	300
61	258	411	299
62	265	424	298
63	273	436	297
64	281	448	296
65	289	460	295
66	297	472	294
67	305	484	293
68	313	495	292
69	321	506	291
70	329	517	290
71	337	528	289
72	345	538	288
73	354	549	287
74	362	559	286
75	371	569	285
76	379	579	284
77	388	588	283
78	396	598	282
79	405	607	281
80	413	616	280
81	422	625	279
82	430	634	278
83	439	643	277
84	448	651	276
85	456	659	275
86	465	668	274
87	474	676	273
88	483	684	272
89	491	691	271
90	0.500	9.699	270
$\nu-\odot$	φ	$\lg\varphi$	$\nu-\odot$

$\nu-\odot$	φ	$\lg\varphi$	$\nu-\odot$
90°	0.500	9.699	270°
91	509	706	269
92	517	714	268
93	526	721	267
94	535	728	266
95	544	735	265
96	552	742	264
97	561	749	263
98	570	756	262
99	578	762	261
100	587	769	260
101	595	775	259
102	604	781	258
103	612	787	257
104	621	793	256
105	629	799	255
106	638	805	254
107	646	810	253
108	655	816	252
109	663	821	251
110	671	827	250
111	679	832	249
112	687	837	248
113	695	842	247
114	703	847	246
115	711	852	245
116	719	857	244
117	727	862	243
118	735	866	242
119	742	871	241
120	750	875	240
121	758	879	239
122	765	884	238
123	772	888	237
124	780	892	236
125	787	896	235
126	794	900	234
127	801	904	233
128	808	907	232
129	815	911	231
130	821	915	230
131	828	918	229
132	835	921	228
133	841	925	227
134	847	928	226
135	0.854	9.931	225
$\nu-\odot$	φ	$\lg\varphi$	$\nu-\odot$

$\nu-\odot$	φ	$\lg\varphi$	$\nu-\odot$
135°	0.854	9.931	225°
136	860	934	224
137	866	937	223
138	872	940	222
139	877	943	221
140	883	946	220
141	889	949	219
142	894	951	218
143	899	954	217
144	905	956	216
145	910	959	215
146	915	961	214
147	919	963	213
148	924	966	212
149	929	968	211
150	933	970	210
151	937	972	209
152	941	974	208
153	945	976	207
154	949	977	206
155	953	979	205
156	957	981	204
157	960	982	203
158	964	984	202
159	967	985	201
160	970	987	200
161	973	988	199
162	976	989	198
163	978	990	197
164	981	992	196
165	983	993	195
166	985	994	194
167	987	994	193
168	989	995	192
169	991	996	191
170	992	997	190
171	994	997	189
172	995	998	188
173	996	998	187
174	997	999	186
175	998	999	185
176	999	999	184
177	999	0.000	183
178	1.000	000	182
179	000	000	181
180	1.000	0.000	180
$\nu-\odot$	φ	$\lg\varphi$	$\nu-\odot$

VI. Tafel für A und $\lg a$.

⊙ − ω	A	lg a
0°	0.0	9.681
1	2.0	681
2	4.0	682
3	6.0	683
4	8.0	684
5	9.9	686
6	11.9	688
7	13.8	691
8	15.7	694
9	17.6	697
10	19.5	700
11	21.3	704
12	23.0	708
13	24.8	712
14	26.5	716
15	28.2	721
16	29.8	726
17	31.4	731
18	33.0	736
19	34.6	741
20	36.1	747
21	37.5	752
22	38.9	758
23	40.3	763
24	41.7	770
25	43.0	774
26	44.3	780
27	45.5	786
28	46.8	792
29	47.9	797
30	49.1	803
⊙ − ω	A	lg a

⊙ − ω	A	lg a
30°	49.1	9.803
31	50.2	809
32	51.3	814
33	52.4	820
34	53.5	825
35	54.5	830
36	55.5	836
37	56.4	841
38	57.4	846
39	58.3	851
40	59.2	856
41	60.1	861
42	61.0	866
43	61.8	871
44	62.6	876
45	63.4	880
46	64.2	885
47	65.0	889
48	65.8	893
49	66.5	898
50	67.2	902
51	68.0	906
52	68.7	910
53	69.4	914
54	70.0	917
55	70.7	921
56	71.4	924
57	72.0	928
58	72.6	931
59	73.3	934
60	73.9	937
⊙ − ω	A	lg a

⊙ − ω	A	lg a
60°	73.9	9.937
61	74.5	940
62	75.1	943
63	75.7	946
64	76.3	949
65	76.9	951
66	77.4	954
67	78.0	956
68	78.6	958
69	79.1	960
70	79.7	962
71	80.2	964
72	80.8	966
73	81.3	968
74	81.8	970
75	82.4	971
76	82.9	973
77	83.4	974
78	83.9	975
79	84.4	976
80	85.0	977
81	85.5	978
82	86.0	979
83	86.5	980
84	87.0	981
85	87.5	981
86	88.0	982
87	88.5	982
88	89.0	982
89	89.5	982
90	90.0	982
⊙ − ω	A	lg a

VII.

Jahr	ω
1850	100.1
1860	100.5
1870	100.7
1880	100.9
1890	101.0
1900	101.2
1910	101.4
1920	101.6
1930	101.7
1940	101.9
1950	102.1

VIII.

⊙ − ω	lg R	⊙ − ω
0	0.007	360
10	007	350
20	007	340
30	006	330
40	006	320
50	005	310
60	004	300
70	002	290
80	001	280
90	0.000	270
100	9.999	260
110	998	250
120	996	240
130	995	230
140	993	220
150	991	210
160	990	200
170	989	190
180	989	180
⊙ − ω	lg R	⊙ − ω

IX. Tafel

⊙ − ℓ	δ = 0°	± 4°	± 8°	± 12°	± 16°	± 20°	± 24°	± 28°	± 32°	± 36°	± 40°	± 44°	⊙ − ℓ
0°	0.000	0.000	0.000	0.000	0.000	0.000	0.000	0.000	0.000	0.000	0.000	0.000	180°
4	9.970	9.970	9.970	9.970	9.971	9.971	9.972	9.973	9.974	9.975	9.977	9.978	176
8	940	940	940	941	942	943	945	947	949	951	951	[illegible]	172
12	910	911	911	912	914	916	918	921	924	927	[illegible]	935	168
16	882	882	883	884	886	889	892	896	899	904	909	914	164
20	854	855	856	857	860	863	866	871	876	881	887	894	160
24	826	828	829	831	834	838	842	847	853	860	867	875	156
28	801	801	803	807	810	814	819	825	831	839	847	856	152
32	777	778	781	784	787	792	797	804	811	819	828	838	148
36	756	756	760	763	766	771	777	784	792	800	810	821	144
40	737	738	739	742	746	751	758	765	774	783	794	806	140
44	718	719	721	724	728	734	740	748	757	767	779	791	136
48	701	702	704	707	711	717	724	732	742	753	766	779	132
52	686	687	689	692	696	703	710	719	729	740	752	765	128
56	673	673	675	678	683	689	696	705	715	727	740	754	124
60	660	660	663	666	671	677	685	694	704	716	730	744	120
64	649	650	652	655	660	667	675	684	695	707	721	736	116
68	640	641	643	646	652	658	666	676	687	699	713	729	112
72	632	633	635	639	644	651	659	669	680	693	706	722	108
76	625	627	629	633	638	645	653	663	674	687	701	717	104
80	622	623	625	629	634	641	649	659	670	682	697	714	100
84	619	620	622	626	631	638	646	656	667	680	695	711	96
88	617	618	620	624	629	636	644	654	666	679	694	710	92
90	617	618	620	624	629	636	644	654	666	679	693	710	90
⊙ − ℓ	δ = 0°	± 4°	± 8°	± 12°	± 16°	± 20°	± 24°	± 28°	± 32°	± 36°	± 40°	± 44°	⊙ − ℓ

⊙ − ℓ	δ = 0°	± 4°	± 8°	± 12°	± 16°	± 20°	± 24°	± 28°	± 32°	± 36°	± 40°	± 44°	⊙ − ℓ
180°	0.000	0.000	0.000	0.000	0.000	0.000	0.000	0.000	0.000	0.000	0.000	0.000	360°
184	030	030	030	030	029	024	025	027	030	021	021	022	356
188	060	060	060	060	058	057	053	052	051	049	046	041	352
192	088	089	089	088	086	084	082	078	076	073	069	065	348
196	118	118	117	116	114	111	108	105	101	096	091	086	344
200	146	145	144	143	140	137	134	129	124	119	112	105	340
204	173	172	170	168	166	163	158	153	147	140	133	125	336
208	197	197	195	193	190	186	181	175	169	161	153	144	332
212	221	221	219	216	213	208	203	196	189	181	172	162	328
216	243	242	240	238	234	229	223	216	208	199	189	179	324
220	263	262	260	258	254	251	249	242	235	226	217	206	320
224	283	281	279	276	273	267	261	252	243	233	221	209	316
228	300	298	296	293	289	284	276	268	258	247	236	222	312
232	316	315	313	309	304	298	291	282	273	261	249	235	308
236	331	329	327	323	318	311	304	295	284	273	261	246	304
240	345	343	340	337	332	325	315	306	296	284	270	256	300
244	357	356	354	349	343	336	329	316	305	293	279	261	296
248	368	366	363	357	353	346	337	326	314	301	287	272	292
252	376	374	371	365	361	354	345	331	319	309	294	280	288
256	383	381	378	373	367	361	352	347	326	313	299	286	284
260	388	387	383	378	371	366	353	344	331	317	303	290	280
264	391	390	388	384	374	370	363	350	344	333	320	305	276
268	393	392	390	386	374	364	356	346	334	321	307	291	272
270	393	393	390	386	376	371	364	356	346	334	320	307	270
⊙ − ℓ	δ = 0°	± 4°	± 8°	± 12°	± 16°	± 20°	± 24°	± 28°	± 32°	± 36°	± 40°	± 44°	⊙ − ℓ

für lg*b*.

⊙ − L	± [illegible]°	± 40°	± 52°	± 56°	± 60°	± 64°	± 68°	± 72°	± 76°	± 80°	± 84°	± 88°	± 90°	⊙ − L
0°	0.000	0.000	0.000	0.000	0.000	0.000	0.000	0.000	0.000	0.000	0.000	0.000	0.000	180°
4	9.974	9.940	9.944	9.963	9.965	9.967	9.969	9.991	9.993	9.996	9.997	9.998	000	176
8	952	940	951	[illegible]	960	978	977	981	985	[illegible]	994	[illegible]	000	172
12	925	940	945	940	955	[illegible]	[illegible]	972	974	981	991	997	000	168
16	911	920	927	951	940	[illegible]	[illegible]	963	971	979	[illegible]	[illegible]	000	164
20	804	901	909	917	925	[illegible]	944	954	961	974	981	995	000	160
24	873	[illegible]	[illegible]	[illegible]	912	925	934	946	957	978	[illegible]	994	000	156
28	856	[illegible]	[illegible]	[illegible]	[illegible]	911	924	[illegible]	951	965	979	993	000	152
32	[illegible]	[illegible]	[illegible]	[illegible]	[illegible]	[illegible]	911	[illegible]	944	960	976	992	000	148
36	[illegible]	[illegible]	[illegible]	[illegible]	[illegible]	[illegible]	[illegible]	921	[illegible]	956	973	991	000	144
40	[illegible]	[illegible]	[illegible]	[illegible]	[illegible]	[illegible]	[illegible]	914	933	952	971	990	000	140
44	791	[illegible]	[illegible]	[illegible]	[illegible]	[illegible]	[illegible]	907	927	[illegible]	[illegible]	[illegible]	000	136
48	[illegible]	[illegible]	[illegible]	[illegible]	[illegible]	[illegible]	[illegible]	[illegible]	[illegible]	941	[illegible]	[illegible]	000	132
52	[illegible]	[illegible]	[illegible]	[illegible]	[illegible]	[illegible]	[illegible]	[illegible]	[illegible]	[illegible]	[illegible]	[illegible]	000	128
56	[illegible]	770	[illegible]	[illegible]	[illegible]	[illegible]	[illegible]	[illegible]	913	[illegible]	[illegible]	[illegible]	000	124
60	[illegible]	761	778	797	817	[illegible]	[illegible]	[illegible]	910	[illegible]	[illegible]	[illegible]	000	120
64	[illegible]	752	770	790	811	[illegible]	[illegible]	[illegible]	[illegible]	907	929	[illegible]	000	116
68	[illegible]	745	761	781	[illegible]	[illegible]	[illegible]	877	[illegible]	930	[illegible]	[illegible]	000	112
72	[illegible]	740	[illegible]	779	[illegible]	[illegible]	[illegible]	[illegible]	[illegible]	929	957	[illegible]	000	108
76	717	735	754	775	796	[illegible]	[illegible]	[illegible]	[illegible]	927	956	[illegible]	000	104
80	714	731	751	771	794	[illegible]	[illegible]	850	897	925	[illegible]	[illegible]	000	100
84	711	729	749	[illegible]	792	814	[illegible]	[illegible]	[illegible]	925	[illegible]	[illegible]	000	96
88	[illegible]	728	747	[illegible]	791	813	811	[illegible]	[illegible]	923	[illegible]	[illegible]	000	92
90	710	728	747	[illegible]	791	813	811	[illegible]	[illegible]	923	[illegible]	[illegible]	0.0	90
⊙ − L	± [illegible]°	± 40°	± 52°	± 56°	± 60°	± 64°	± 68°	± 72°	± 76°	± 80°	± 84°	± 88°	± 90°	⊙ − L

⊙ − L	± [illegible]°	± 40°	± 52°	± 56°	± 60°	± 64°	± 68°	± 72°	± 76°	± 80°	± 84°	± 88°	± 90°	⊙ − L
180°	0.000	0.000	0.000	0.000	0.000	0.000	0.000	0.000	0.000	0.000	0.000	0.000	0.000	360°
184	022	020	019	017	015	013	011	[illegible]	007	005	[illegible]	[illegible]	[illegible]	356
188	043	040	[illegible]	[illegible]	[illegible]	[illegible]	021	[illegible]	013	010	[illegible]	[illegible]	[illegible]	352
192	[illegible]	[illegible]	[illegible]	[illegible]	[illegible]	[illegible]	[illegible]	[illegible]	[illegible]	016	[illegible]	[illegible]	[illegible]	348
196	[illegible]	[illegible]	073	[illegible]	[illegible]	[illegible]	[illegible]	[illegible]	[illegible]	021	012	[illegible]	[illegible]	344
200	106	[illegible]	091	[illegible]	074	[illegible]	[illegible]	046	[illegible]	026	016	[illegible]	[illegible]	340
204	125	117	[illegible]	[illegible]	[illegible]	077	[illegible]	[illegible]	[illegible]	[illegible]	018	[illegible]	[illegible]	336
208	144	134	[illegible]	113	101	[illegible]	[illegible]	[illegible]	[illegible]	[illegible]	021	[illegible]	[illegible]	332
212	162	151	[illegible]	127	114	100	[illegible]	071	[illegible]	[illegible]	[illegible]	[illegible]	[illegible]	328
216	179	167	[illegible]	140	[illegible]	111	[illegible]	[illegible]	[illegible]	017	027	[illegible]	[illegible]	324
220	194	181	[illegible]	153	137	121	[illegible]	[illegible]	[illegible]	019	[illegible]	010	[illegible]	320
224	[illegible]	195	[illegible]	165	[illegible]	130	112	[illegible]	073	[illegible]	031	011	[illegible]	316
228	[illegible]	[illegible]	192	176	[illegible]	[illegible]	119	[illegible]	[illegible]	[illegible]	[illegible]	011	[illegible]	312
232	[illegible]	[illegible]	[illegible]	[illegible]	167	147	[illegible]	[illegible]	[illegible]	[illegible]	[illegible]	012	[illegible]	308
236	[illegible]	[illegible]	[illegible]	[illegible]	175	[illegible]	[illegible]	110	[illegible]	[illegible]	[illegible]	013	[illegible]	304
240	[illegible]	[illegible]	[illegible]	[illegible]	[illegible]	161	[illegible]	115	[illegible]	[illegible]	[illegible]	013	[illegible]	300
244	[illegible]	[illegible]	[illegible]	210	[illegible]	167	144	119	[illegible]	[illegible]	011	014	000	296
248	[illegible]	[illegible]	[illegible]	[illegible]	[illegible]	172	[illegible]	[illegible]	[illegible]	[illegible]	012	014	000	292
252	[illegible]	[illegible]	[illegible]	221	[illegible]	176	152	[illegible]	[illegible]	071	013	014	[illegible]	288
256	[illegible]	[illegible]	[illegible]	225	[illegible]	[illegible]	[illegible]	[illegible]	101	073	044	015	[illegible]	284
260	[illegible]	[illegible]	[illegible]	[illegible]	[illegible]	[illegible]	157	130	102	074	[illegible]	015	[illegible]	280
264	[illegible]	271	[illegible]	[illegible]	[illegible]	184	[illegible]	131	[illegible]	075	[illegible]	015	000	276
268	[illegible]	[illegible]	[illegible]	[illegible]	[illegible]	185	[illegible]	132	101	[illegible]	[illegible]	015	000	272
270	[illegible]	[illegible]	[illegible]	[illegible]	[illegible]	185	[illegible]	132	101	[illegible]	[illegible]	015	000	270
⊙ − L	± [illegible]°	± 40°	± 52°	± 56°	± 60°	± 64°	± 68°	± 72°	± 76°	± 80°	± 84°	± 88°	± 90°	⊙ − L

Berichtigungen.

Seite 18 Zeile 2 von oben lies **einen Mangel** statt **ein Mangel**.

„ 36 „ 1 und 2 von unten ist der Factor 2 wegzustreichen.

„ 42 und 43 den Werth von s für $\odot - L = 268°$ und $B = \pm 41°$ lies 165.4 statt 161.1.

www.ingramcontent.com/pod-product-compliance
Lightning Source LLC
Chambersburg PA
CBHW022010190326
41519CB00010B/1459

* 9 7 8 3 7 4 3 3 9 6 6 3 0 *